液化天然气储罐抗震与减隔震理论、试验与工程实践

Theory, Experiment, and Engineering Practice of Anti-Seismic and Isolation Reduction for Liquefied Natural Gas Storage Tanks

张超 肖立 周中一 著

化学工业出版社

·北京·

内容简介

本书结合液化天然气（LNG）储罐结构建设及运行过程中的地震安全需求，全面系统介绍了在土-结构相互作用、桩-土相互作用、液固耦合效应等多重影响下，地上储罐、半地下储罐和全地下储罐的抗震与减隔震理论、试验和工程应用。首先介绍了LNG储罐的结构体系、发展现状及研究方法；然后依次介绍了LNG储罐结构抗震与减隔震理论和研究方法、液固耦合作用参数化分析、不同地基条件下30万立方米级LNG储罐振动台试验及理论、地下LNG储罐振动台试验及理论和LNG储罐减隔震结构振动台试验及理论；最后，介绍了大型LNG储罐的数值仿真技术及工程应用。

本书可供液化天然气储罐领域工程设计和研究人员及高等院校相关专业的师生参考。

图书在版编目（CIP）数据

液化天然气储罐抗震与减隔震理论、试验与工程实践 / 张超，肖立，周中一著．—北京：化学工业出版社，2023.11

ISBN 978-7-122-44470-7

Ⅰ．①液… Ⅱ．①张… ②肖… ③周… Ⅲ．①液化天然气-储罐-抗震-研究 Ⅳ．① TE972

中国国家版本馆 CIP 数据核字（2023）第 208524 号

责任编辑：高　宁　仇志刚　　　　　　文字编辑：王　迪　刘　璐
责任校对：刘　一　　　　　　　　　　装帧设计：王晓宇

出版发行：化学工业出版社（北京市东城区青年湖南街13号　邮政编码100011）
印　　装：中煤（北京）印务有限公司
710mm×1000mm　1/16　印张 $14\frac{1}{4}$　字数239千字
2025年4月北京第1版第1次印刷

购书咨询：010-64518888　　　　　　　售后服务：010-64518899
网　　址：http://www.cip.com.cn
凡购买本书，如有缺损质量问题，本社销售中心负责调换。

定　　价：128.00元　　　　　　　　　　　　　　　　版权所有　违者必究

前言

随着我国"碳达峰、碳中和"计划实施,作为清洁能源的液化天然气(LNG)已成为我国重点支持发展的产业,具有广阔的发展前景,国际能源署(IEA)预测:2030—2035 年全球能源结构中,LNG 将取代煤炭成为全球第二大能源。

LNG 储罐作为天然气供应的重要保障设施,建设规模和数量发展迅速,同时 LNG 属于易燃易爆物品,地震作用下 LNG 储罐破坏将会带来巨大的经济损失和严重的次生灾害,其地震安全性也是学者们关心的重要问题。目前,我国尚没有大型 LNG 储罐方面的抗震规范,部分设计采用或借鉴欧洲和美国的规范。LNG 储罐结构体系由土、桩、隔震支座、储罐、储液及输送管线等构成,地震作用下不同部分间的相互作用规律复杂,也是近年来国内外学者重点关注的领域。

本书汇总了作者在超大容积 LNG 储罐和地下 LNG 储罐方面的试验、理论和工程实践等方面的研究成果。重点介绍了土-结构相互作用、桩-土相互作用、液固耦合效应等多重影响下,地上储罐、半地下储罐和全地下储罐的地震响应规律和损伤演化规律,并发展了相关理论及数值分析模型。第 1 章介绍了 LNG 储罐结构发展现状和多重耦合作用的研究现状;第 2 章介绍 LNG 储罐结构抗震及减隔震理论和研究方法,分别阐述了 LNG 储罐的地震灾害及抗震研究的必要性、LNG 储罐结构抗震及减隔震理论和试验方法、数值分析方法和简化分析方法等;第 3 章介绍了液固耦合作用参数化分析方法,包含不考虑土-结构相互作用简化模型的参数分析和考虑土-结构相互作用的参数分析,同时分析了场地类型的影响;第 4 章介绍了 LNG 储罐结构的振动台试验方法,包含多质点耦合模型试验体系相似比设计、振动台模型土箱和模型地基及模型结构制作;第 5 章介绍了地下 LNG 储罐结构抗震振动台试验研究,包含地下 LNG 储罐振动台试验设计及分析等。第 6 章介绍了超大容积 LNG 储罐结构抗震振动台试验研究,主要包括空罐、满罐和半罐状态下 LNG 储罐结构的地震响应;第 7 章介绍了超大容积 LNG 储罐减隔震结构振动台试验研究,重点介绍半罐和空罐状态下的地震影响规律;第 8 章介绍了 LNG 储罐抗震数值仿真分析及工程应用等内容。

本书可供液化天然气储罐领域工程设计和研究人员及高等院校相关专业的师生参考。

在本书撰写过程中，王涛研究员给予了指导并提出了宝贵的修改意见，技术专家扬帆、陈团海、赵铭睿和刘洋，以及研究生罗诒红、张岗、任志飞、魏章超和寇泽众等做了大量辅助性工作，在此深表感谢！

由于作者水平所限，书中难免有不足之处，诚恳欢迎同行和读者对发现的疏漏和不妥给予指教。

著　者

目录

1 绪论 　001

1.1 引言 　002
1.2 LNG 储罐结构发展现状及体系 　002
- 1.2.1 LNG 储罐结构研究概述 　002
- 1.2.2 LNG 储罐结构体系及组成 　004

1.3 大型 LNG 储罐多重耦合作用研究现状 　009
- 1.3.1 桩-土-结构相互作用研究现状 　009
- 1.3.2 土-储罐结构相互作用研究现状 　012
- 1.3.3 LNG 储罐-储液流固耦合作用研究现状 　013
- 1.3.4 本章小结 　016

参考文献 　016

2 LNG 储罐结构抗震及减隔震理论和研究方法 　019

2.1 地震灾害对 LNG 储罐的影响 　020
2.2 LNG 储罐抗震研究的必要性 　020
- 2.2.1 LNG 储罐地震震害后的破坏形式 　021
- 2.2.2 LNG 储罐抗震研究现状 　022

2.3 LNG 储罐结构抗震及减隔震理论 　024
- 2.3.1 概述 　024
- 2.3.2 刚性地基 LNG 全容罐抗震设计基本理论 　024
- 2.3.3 刚性地基 LNG 全容罐减隔震设计基本理论 　026

2.4 试验方法 　028
- 2.4.1 概述 　028
- 2.4.2 模型设计及施工 　028
- 2.4.3 制定试验方案 　032
- 2.4.4 试验准备工作 　033
- 2.4.5 数据处理与分析 　035

2.5 数值分析法 　035
2.6 简化计算方法 　037
- 2.6.1 刚性壁简化计算方法 　037

	2.6.2　柔性壁简化模型——Veletsos 简化方法	041
	2.6.3　考虑穹顶作用的储罐简化模型	046
	2.6.4　土-结构相互作用的储罐简化模型	049
2.7	本章小结	053
参考文献		053

3　液固耦合作用参数化分析　055

3.1	引言	056
3.2	不考虑土-结构相互作用简化模型的参数化分析	056
	3.2.1　储液含量的影响	056
	3.2.2　高阶振型的影响	058
	3.2.3　穹顶的影响	062
3.3	考虑土-结构相互作用简化模型的参数化分析	064
	3.3.1　储罐变形的影响	064
	3.3.2　储液含量的影响	066
	3.3.3　剪切波速的影响	068
3.4	场地类型的影响	070
3.5	小结	071
参考文献		072

4　LNG 储罐结构振动台试验方法　073

4.1	引言	074
4.2	多介质耦合模型试验体系相似系数设计	074
4.3	振动台模型土箱	077
	4.3.1　刚性模型土箱	077
	4.3.2　柔性模型土箱	077
	4.3.3　层状剪切变形箱	078
4.4	模型地基和模型结构制作	080
	4.4.1　模型地基制作	082
	4.4.2　模型结构制作	082

		4.4.3 动态信号采集系统	082
		4.4.4 非接触性静、动态位移测试	086
		4.4.5 光纤布拉格（Bragg）光栅应变测试	088
	4.5	本章小结	090
参考文献			090

5 地下 LNG 储罐结构抗震振动台试验研究　　091

	5.1	研究目的与研究内容	092
	5.2	全地下 LNG 储罐振动台试验设计	092
		5.2.1 相似系数计算	092
		5.2.2 模型制作	093
		5.2.3 测量方案	095
		5.2.4 加载方案	097
	5.3	全地下 LNG 储罐振动试验分析	099
		5.3.1 试验现象	099
		5.3.2 自振特性分析	099
		5.3.3 罐体的加速度放大效应	100
		5.3.4 土体的加速度放大效应	103
		5.3.5 地基土对不同地震动的滤波效应	106
		5.3.6 土 - 全地下 LNG 储罐流固耦合效应	113
	5.4	本章小结	115

6 超大容积 LNG 储罐结构抗震振动台试验研究　　117

	6.1	研究概述	118
		6.1.1 研究结构	118
		6.1.2 研究目标与内容	120
	6.2	超大容积 LNG 储罐振动台试验设计	120
		6.2.1 相似系数计算	120
		6.2.2 模型制作	123
		6.2.3 测量方案	124
		6.2.4 加载方案	128

6.3 超大容积 LNG 储罐振动台试验分析　　　　　　　133
　　6.3.1 空罐状态试验　　　　　　　133
　　6.3.2 半罐状态试验　　　　　　　138
　　6.3.3 满罐状态试验　　　　　　　143
6.4 本章小结　　　　　　　148
参考文献　　　　　　　148

7 超大容积 LNG 储罐减隔震结构振动台试验研究　　　　　　　149

7.1 研究概述　　　　　　　150
7.2 超大容积 LNG 储罐减隔震结构振动台试验设计　　　　　　　151
　　7.2.1 相似系数计算　　　　　　　151
　　7.2.2 模型制作　　　　　　　151
　　7.2.3 减隔震支座参数设计　　　　　　　153
　　7.2.4 测量方案　　　　　　　156
　　7.2.5 加载方案　　　　　　　161
7.3 超大容积 LNG 储罐减隔震结构振动台试验分析　　　　　　　166
　　7.3.1 空罐状态试验　　　　　　　166
　　7.3.2 半罐状态试验　　　　　　　178
7.4 本章小结　　　　　　　190

8 LNG 储罐抗震数值仿真分析与工程应用　　　　　　　191

8.1 概述　　　　　　　192
8.2 超大容积 LNG 储罐抗震数值仿真分析与工程应用　　　　　　　192
　　8.2.1 有限元模型建立　　　　　　　192
　　8.2.2 数值仿真分析　　　　　　　195
　　8.2.3 工程实践与应用　　　　　　　204
8.3 超大容积 LNG 储罐减隔震数值仿真分析与工程应用　　　　　　　206
　　8.3.1 有限元模型建立　　　　　　　206
　　8.3.2 地震工况数值仿真　　　　　　　206
　　8.3.3 数值仿真分析　　　　　　　218
8.4 本章小结　　　　　　　219

1

绪论

1.1 引言

安全高效、清洁低碳的能源体系是引领能源高质量发展的本质要求[1]。在"碳达峰、碳中和"（简称"双碳"）背景下，国家各个部门提出积极促进低碳经济发展的方案，促进经济持续、健康发展[2]。低碳经济通过新能源开发、技术创新、产业转型等措施，尽可能减少石油、煤炭等高碳能源的使用，保护生态环境，促进经济和社会发展[3]。天然气作为一种高效、优质能源，是现阶段发展低碳经济的最佳选择之一[4]。我国的能源结构中天然气的占比很小，远低于发达国家的平均水平，在未来10～20年对天然气的需求量和消费量将保持增长[5]。气态的天然气在-162℃时形成液化天然气（liquefied natural gas，LNG），为保证LNG的正常接收与运输，我国将建造更多的LNG储罐来接收和存储天然气。这样一方面促进经济可持续发展，另一方面改善生态环境[6]。目前，沿海地区LNG储罐体积正向大型及超大型（容量28万立方米）方向发展。由于LNG具有低温、易爆、易燃、易挥发的性质，因此对巨大的结构物LNG储罐而言，其安全问题至关重要。地震是储罐破坏荷载之一，如果LNG储罐在地震中发生破坏，大量的易燃易爆液体可能外泄，会引发爆炸、火灾等次生灾害，其危害不亚于核泄漏，会带来巨大经济损失。大型LNG储罐建设是城市生命线的重要工程，对其进行抗震研究具有重要意义。

大型LNG储罐内罐的抗震设计目前主要借鉴立式钢制储罐的设计方案，它们具有相同的地震破坏特征。大型LNG储罐为多层复杂结构体系，内罐为钢结构，外罐为预应力钢筋混凝土，对结构的安全性能要求很高，有的设计指南将其等同于核电设施。大型LNG储罐在日本、美国、英国等均已形成了一系列相关的标准，如日本的LNG地下储罐指南等[7]。我国目前还没有相关的LNG储罐抗震设计规范，所以开展储罐抗震与减隔震理论、试验与工程实践研究对LNG储罐发展具有重要意义。

1.2 LNG储罐结构发展现状及体系

1.2.1 LNG储罐结构研究概述

大型LNG储罐是常压、低温的存储装置。按照存储位置可以分为全地下罐、半地下罐和地上罐，其中地上LNG储罐最常见。按照结构形式可分为单容罐、双容罐、全容罐和薄膜罐四种类型，不同结构形式的LNG储罐对比，见表1.1。

表1.1 不同结构形式的LNG储罐对比

项目	单容罐	双容罐	全容罐	薄膜罐
占地面积	多	少	少	少
施工难易程度	中	中	高	高
安全性	低	中	高	高
成本	低	低	高	高

根据国家天然气产供储销体系建设规划，除了沿海地区新建和扩建LNG接收站项目在加速建设外，国内三大石油公司、国家管网集团、地方城市燃气企业及民营企业在内陆和江河布点的中型LNG转运站和城市调峰储备站项目建设也进入快通道，这类项目罐容一般在2万～10万立方米，部分项目为了加快工期、节约成本，选择了安全性比全容罐稍低的双金属全容罐。国内河间LNG调峰储备库、北京燃气天津南港LNG应急储备项目率先引入薄膜罐罐型［采用国外天然气运输技术（GTT公司）］，虽然目前国内专利技术、关键材料尚未进入完全实现国产化的阶段，但随着两个项目在国内后续投用，薄膜罐将有较快技术发展。

中国LNG储罐最长运行时间至今已超过15年，从2006年广东大鹏LNG接收站投产到现在，目前国内建成及在建的LNG储罐的数量已经有150多个。储罐的数量及容量决定了LNG接收站的接收能力，我国前些年放缓了LNG接收站的建设，但是由于最近几年天然气的消费量上升速度太快，自产气增速和进口管道气的增速满足不了天然气消费量上升速度，所以从2016年开始又加快了LNG接收站的建设进度，这同时也对LNG储罐研制提出了更高的要求。

全容罐优点是安全性高、占地少、完整性和技术可靠性高，是未来常规LNG储罐发展趋势。与LNG储罐研制相对应的是储罐建造的核心技术，包括全模型建模分析、地震响应分析、减隔震研究、支撑结构研究、局部构件的校核以及失效性分析。中国已完全具备常规LNG储罐的自主设计能力，当前自主核心技术主要集中在常规单容罐以及常规全容罐（包括双金属全容罐和混凝土全容罐），且主要集中在数值模拟计算方面。对于全容储罐核心技术，我国有关设计单位及研究单位已经充分掌握，目前全容罐最大容积已达27万立方米。我国目前正在建设的27万立方米储罐，主要集中于珠海LNG二期项目和江苏LNG一期扩建项目，这11座储罐为世界上目前全容罐单罐罐容最大的储罐。该项技术可用于未来国内LNG

战略储气库布局,加速国内LNG储罐国产化进程。常规LNG储罐国内外技术对比,如表1.2所示。

表1.2 国内外储罐技术对比

指标	不同储罐的自有技术			不同储罐的国外技术		
	单容罐	双容罐	全容罐	单容罐	双容罐	全容罐
储罐容积/万立方米	8	10	29(毛容积)	16	—	27
蒸发气体(BOG)蒸发率/%	<0.08	<0.08	<0.04	<0.08	—	<0.05

在超大型LNG储罐的发展方面,目前没有超大型储罐的明确定义,单彤文等业界专家倾向于将罐容在20万立方米以上的LNG储罐定义为超大型LNG储罐。从这个角度来说我国已经完全掌握了超大型储罐的研制,但是全容罐受制于其形貌、表层截面尺寸、厚度、安装方式等,其罐容不可能无限增大,27万立方米的罐容几乎已经达到了上限。

在新型储罐方面,目前有自支撑储罐、海上LNG储罐等,国外在新型储罐的研制方面暂时领先于国内。Hag等对国外混凝土结构LNG海上接收终端的研究进程进行了论述,对不同形状的附属结构以及存储结构的受力模式及特点进行了分析,总结了设计和建设过程中需要考虑的主要因素。

Sullivan等对重力式基础结构接收终端和海上接收模块与陆上接收终端进行了对比,从结构的受力、基础型式、施工周期、造价和技术风险等方面进行了分析。国内已经对海上LNG储罐运输系统、通风系统、抗冰系统等方面逐步开展了研究,但是目前国内LNG储罐部分保冷及仪表系统仍未实现国产化。其中,泡沫玻璃砖、沥青毡、玻璃棉等保冷材料,可实现国产化,在部分项目实际建设时采用进口或国产的产品。玻璃布、弹性毡、珍珠岩原矿、罐表系统,目前还未实现国产化,国内LNG储罐建设时仍采用进口产品。

1.2.2 LNG储罐结构体系及组成

(1)单容罐

单容罐是指由一个不锈钢内罐作为容器的自支撑式钢质圆筒形储罐,其只有不锈钢内罐具有储液功能。不锈钢内罐外有一层保温层,外围有围堰,充当挡液墙,以防止泄漏液体外流,具体形式见图1.1。

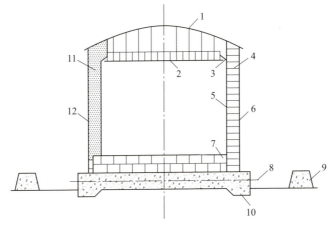

图1.1 单容罐示意图

1—钢质穹顶；2—隔热吊顶；3—柔性密封绝热材料；4—储罐外壁绝热层；5—钢质主容器；6—外部水汽隔膜层；7—储罐底部绝热层；8—基础加热系统；9—混凝土围堰；10—混凝土基础；11—充填松散绝热层；12—外钢壳

LNG混凝土单容罐主要材料为钢材与混凝土。混凝土单容罐外罐用于存放绝热层材料，同时起到保护作用，材料多为混凝土。内罐用于盛装LNG，材料为钢材，除特殊位置，其他位置多为不锈钢，底角处考虑到低温及受力，多采用9%镍钢。外罐罐顶为圆弧形状，罐顶瓜瓣板通过压缩环与周边连接，下方与拱顶网架通过焊接连接，拱顶网架由连续主梁、环梁、斜梁构成。内罐罐顶采用吊顶结构，通过吊杆悬挂在外罐拱顶上，内罐具有一定的气密性，以防止污染物漏入内罐。

内罐是单容罐的核心部分，在设计时应格外注意。在设计内罐时应该考虑LNG液体荷载、绝热材料的侧向压力及附属设施的自重，如梯子等。因为内罐多为开口型，即内罐两侧气相压力数值相等，所以在计算内罐壁厚时不再考虑蒸发气体导致的压力。储罐重量主要由罐体重量和储液重量构成，故可以通过罐体重量和储液重量确定罐体底部的抗倾覆力矩，通过计算结果判断储罐是否需要采用锚固。若储罐无需锚固，可以通过提升壳体下基础底板宽度来抗倾覆。对采用锚固带的内罐，锚固带需在水压试验条件下与内罐壁板进行焊接，而外罐锚固带应在气压试验条件下完成与外罐壁板的焊接工作。

在设计内罐吊顶时应考虑吊顶自身重量、压力平衡孔的重量、保冷材料（覆盖在吊顶上的材料）、接管套筒以及施工过程中的临时荷载。由于储罐在常温状态下安装，不可避免的温度变化会引起吊顶甲板收缩，故需要将吊顶上接管开孔与接管进行偏心布置，用来补偿温度变化造成的吊顶甲板收缩，避免甲板收缩与接管产生碰撞，导致吊顶甲板或接管变形。同时吊顶支撑结构的计算也应考虑温度效应,并设计压力平衡孔来避免吊顶被抬升。

单容罐的外罐不同于双容罐,其仅储存保冷材料及蒸发气体,而无法储存低温液体,故单容罐外罐可参考其他罐体进行设计。不同的是储罐下部的土壤温度较低,冻土会引起巨大的膨胀力,这些力会影响储罐及其部件的安全性,为防止此类危害的发生,在设计储罐基础时一般需采用具有加热功能的基础或与土体隔离的混凝土承台。

在设计外罐罐体时应考虑多种工况,包括建造检修、正常操作、试验及置换、预冷等。主要的外加荷载有:压力差引起的压力(主要有内压和由操作引起的真空分压)、支撑系统、空罐时的重量、满罐时的重量及附加荷载(支架荷载、雪荷载等)等。

(2) 双容罐

双容罐是由双容器组成的一种储罐,其内罐和外罐均具有储存功能,内罐要求具有液密性和气密性,外罐只要求具有液密性。双容罐的安全性相对单容罐来说更高,在内罐发生泄漏时,外罐会防止液体泄漏,但是无法控制气体的外泄;同时当外界发生危险时,其外部的混凝土可以充当内罐的安全屏障。双容罐的投资要高于单容罐,其施工周期相对单容罐来说也比较长,具体形式见图1.2。

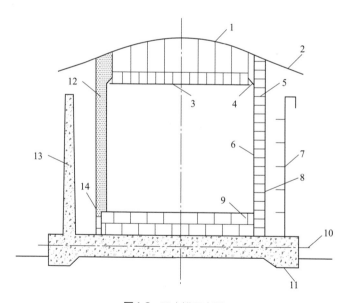

图1.2 双容罐示意图

1—钢质穹顶;2—防雨罩;3—隔热吊顶;4—柔性密封绝热材料;5—储罐外罐内壁绝热层;6—钢质主容器;7—钢质次容器;8—外部水汽隔膜层;9—储罐底部绝热层;10—基础加热系统;11—混凝土基础;12—充填松散绝热层;13—钢筋混凝土次容器;14—外钢壳

双容罐内罐设计与单容罐内罐设计几乎一样，只是外罐要求更高，外罐作为次容器在设计时应依据在内罐（主容器）泄漏的情况下，能够容纳主容器所有液体进行设计，同时两容器之间的环形空间的宽度不得大于6m，因为次容器不要求气密性，所以次容器顶部可以设计为开敞的。另外，为避免主次容器间环形空间受到环境的污染，在主次容器间的环形空间上部采用防雨罩，用来将环形空间与外部环境隔绝开。

（3）全容罐

全容式LNG低温储罐（全容罐）是储存液化天然气的专业设备，其对实际密封性、耐压性均有着较高要求，为保障LNG储存和使用安全性，必须严格控制全容式LNG低温储罐建造质量。全容罐包括内罐和外罐两层罐体。正常工作条件下，内罐装有低温常压的液化天然气，外罐可以起到支撑、保护保温层的作用。在内罐泄漏的工况下，外罐不仅能容纳低温液体，而且能保证结构的气密性，与其他类型的地上式储罐相比，全容式储罐的外罐则可以通过泄压系统排放蒸气，具体形式见图1.3。

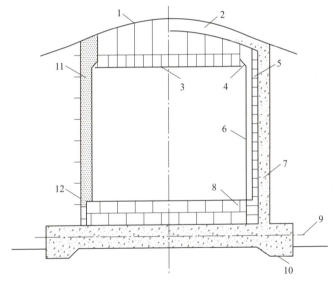

图1.3 全容罐示意图

1—钢质穹顶；2—钢筋混凝土穹顶；3—隔热吊顶；4—柔性密封绝热材料；5—钢筋混凝土外罐内壁绝热层；6—钢质主容器；7—钢筋混凝土次容器外罐壁；8—储罐底部绝热层；9—基础加热系统；10—混凝土基础；11—充填松散绝热层；12—钢质次容器

① 内罐　应是一个储存液体产品的自支撑式、钢质单壁罐。为了满足较高的安全性要求，内罐材料还要有较高的强度，以减小壁厚，以及保持良好的焊接性、

加工性。一般用于建造LNG内罐的材料主要有：9%镍钢、铝合金和不锈钢等钢材。LNG储罐对温度要求很高，因此保温工作至关重要。常用的保温材料主要有膨胀珍珠岩、泡沫玻璃砖及弹性玻璃纤维毡等。装设在储罐底部及侧部的保温材料应具有高隔热性能和能承受液压、气压及施工荷载的强度与刚性，罐底绝热层通常为泡沫玻璃。储罐侧边则可使用抗压强度较小的保温材料，通常中间绝热层为膨胀珍珠岩。

② 外罐 具有双层罐顶，罐顶整体是封闭的，能够控制泄漏时蒸发气体的泄漏，罐顶支承于混凝土圆形墙体上，其内外两个罐和双容罐一样都可以独立储存低温液体，内外罐距离一般为1～2m。在正常的操作条件下，外罐可以容纳蒸发气体，并支撑内罐的绝热层；在内罐泄漏的情况下，外罐能够装存全部的液体产品，并保持结构上的气密性。外罐可以进行排气，但应对其进行控制（通过卸压系统）。外罐不但可以防止内罐泄漏时LNG外溢，还可防止子弹击穿、热辐射，起到了辅助容器的作用。

（4）薄膜罐

薄膜型储罐的主要部件包括混凝土外罐、主层薄膜、次层薄膜和预制泡沫板。薄膜型储罐系统的设计基于各功能分离的原则，具体形式见图1.4。

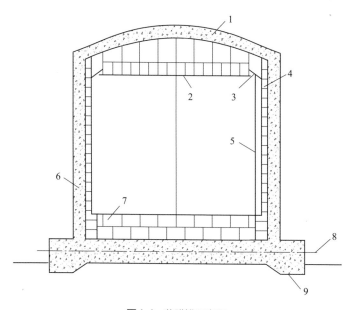

图1.4 薄膜罐示意图

1—钢筋混凝土穹顶；2—隔热吊顶；3—柔性密封绝热材料；4—钢筋混凝土外罐内壁绝热层；5—钢质主容器（薄膜）；6—钢筋混凝土次容器外罐壁；7—储罐底部绝热层；8—基础加热系统；9—混凝土基础

从混凝土外罐到主层薄膜，各部件都有自身独有的功能特点，各部件特点如下[8]。

① 主层薄膜　应用于罐壁和罐底，采用双层正交波纹网络，允许热负荷下双向自由收缩/扩张。主层薄膜由预制泡沫板焊接而成，确保了其密封性。

② 次层薄膜　应用于高度5m以下储罐的罐壁和罐底，由玻璃布和铝片制成，次层薄膜呈"三明治"状。铝片的密封性能良好，玻璃布的抗拉能力强。预制的泡沫板将次层薄膜粘接在中间，密封性良好。

③ 预制泡沫板　起隔热保温作用的泡沫板为预制件。罐壁和底部的主层薄膜与次层薄膜之间及次层薄膜与混凝土外罐之间都安装预制的泡沫板。硬质闭孔聚氨酯泡沫夹在两层胶合板之间，在胶合板与泡沫接触面之间进行粘接。

④ 热保护区域　当内罐发生泄漏时，为保证外罐免于低温的影响，专门在罐底及距罐底5m高的范围内安装热保护系统。

1.3　大型LNG储罐多重耦合作用研究现状

LNG储罐主要由储液罐、基础及储液罐内部液体组成，因此在分析LNG储罐时，涉及多种作用力的耦合，主要包括桩-土-桩相互作用、土-储罐结构相互作用以及LNG储罐-储液相互作用等多重耦合作用，下面对上述耦合作用研究现状进行详细论述。

1.3.1　桩-土-结构相互作用研究现状

地震作用下土体与结构的动力相互作用（soil structure dynamic interaction，SSDI）是一个普遍存在的问题。对震害的观察与调查表明，桩基破坏主要是由地基大幅度运动导致作用在桩上的运动和惯性力剧增或土体的液化引起的。地下砂层液化是桩基础破坏的重要原因之一，砂土液化可能导致其整体位移过大或倾覆，液化砂层界面是容易出现较大弯矩与剪力的危险部位，液化层在中部则弯曲破坏的危险性较大。场地软弱土层交界处由于刚度突变也容易引起桩身的水平剪切破坏。为了研究如何减轻土-桩相互作用对工程的危害，目前有部分国内外学者通过数值仿真和试验研究土-桩相互作用，并取得一定进展，见表1.3。

表1.3 土-桩-结构相互作用研究进展

时间/年	研究模型	分析方法	作者
2012	大型LNG储罐的桩、土以及上部结构整体三维模型	ANSYS	林杨[9]
2012	桩-土-结构相互作用的有限元模型；不考虑桩-土-结构相互作用的有限元模型	ANSYS	张恒[10]
2014	储罐的三维整体有限元模型	ANSYS	刘帅[11]
2014	液化天然气储罐底座隔震的三维有限元模型	ADINA	郑建华[12]
2015	大型LNG储罐有桩-土模型以及无桩-土模型	ADINA	罗东雨[13]
2017	大型储罐模型	ANSYS	赵泽钦[14]
2018	桩筏基础在可液化饱和砂土和桩筏基础在不可液化干砂土上支撑储罐模型	离心模型试验	Sahraeian[15]
2020	桩土模型	ABAQUS	徐长琦[16]
2020	储罐桩-土-结构相互作用模型	振动台试验	高小波[17]

2012年，林杨[9]通过ANSYS有限元分析软件建立了大型LNG储罐的桩、土以及上部结构整体三维模型，分别以低承台、高承台（承台架空1m左右）、高承台加橡胶隔震支座为基础，研究在运行基准地震(OBE)、安全停堆地震（SSE）工况的加速度峰值条件下，结构在EI-Centro波、天津波以及人工波作用下的响应。研究表明在地震分析时，高承台与低承台的响应差别不大，但是在工程造价方面，由于高承台减少了地热系统，因此其优于低承台。在边缘处的桩沉降量较中心处的桩沉降量大，在设计时应考虑减小沉降差以减少因此而产生的承台及桩顶内压力。可以从减小桩距、增大桩径以及增加桩长等方面入手来解决不均匀沉降问题。

2012年，张恒[10]以实际工程为背景，以有限元软件ANSYS 11.0为主要分析工具，将桩-土作用区域划分为桩土区、纯土区和远土区。针对不同模型，选择不同的单元形式。分别建立考虑桩-土-结构相互作用的有限元模型和不考虑桩-土-结构相互作用的有限元模型。针对空罐和满罐两种工况，对比分析不同地震波作用下，结构的地震反应规律。研究发现，在考虑了桩-土-结构相互作用之后，整个体系的自振频率减小、自振周期增大，整个体系偏于柔性。对比分析同一条地震波作用下的考虑桩-土-结构相互作用和不考虑桩-土-结构相互作用两种情况下罐顶的位移时程曲线可以发现，相对于没有考虑相互作用下储罐的地震反应，考虑相互作用以后，得到的储罐罐顶的水平位移、有效应力要小。说明桩-土-结构的相互作用是有利的，由于土的存在，地震波的一部分能量被耗散掉。

2014年，刘帅等[11]利用ANSYS建立了桩-土相互作用下储罐的三维整体有限元模型来研究在Ⅳ类软土场地上桩-土相互作用对LNG储罐地震响应以及保温层刚度对其地震响应的影响。结果发现，在一定范围内，随着保温层刚度的增加，储罐的基底剪力峰值、倾覆力矩峰值等虽有不同程度减小，但变化较小。

2014年，郑建华[12]将桩-土简化为弹簧-阻尼系统，将其附加在LNG储罐基础隔震动力学方程中，为研究LNG储罐基础隔震系统地震响应的影响，考虑了桩-土影响的简化理论力学模型和控制方程，采用ADINA建立了液化天然气储罐底座隔震的三维有限元模型；采用动力积分法进行地震响应分析，并将理论解与有限元解进行了比较。结果表明，在桩土效应下，LNG储罐底座隔震地震响应减震效果更为明显。

2015年，罗东雨[13]建立了大型LNG储罐有桩-土模型以及无桩-土模型，将在长周期地震荷载作用下考虑桩-土-结构相互作用的储罐与不考虑桩-土-结构相互作用的储罐的基底剪力、晃动波高等进行对比，发现在长周期地震荷载作用下，储罐内液体的晃动波高有了显著提升。

2017年，赵泽钦[14]采用三维非线性有限元软件ANSYS对LNG大型储罐的桩基进行桩-土作用分析，分析时通过三种方法估算了土体的变形模量，同时考虑了初始地应力和土体宽度的边界效应，并把计算得到的结果与现场试桩实测结果进行比较。研究表明，三维非线性有限元模拟结果与现场实测的荷载-沉降数据拟合度较好。桩基侧摩阻力总体随着深度的增加而增大，桩端处附近达到极限值。桩侧土体的总侧摩阻力占总荷载的69.7%，桩端土体的端阻力占总荷载的30.3%。

2018年，Sahraeian[15]等通过离心模型试验，研究桩筏基础在可液化饱和砂土和不可液化干砂土上支撑储罐的力学性能，检测砂土上桩筏基础支撑的储罐和地基的加速度、地基的动位移和永久位移、地基的超孔隙水压力等，讨论桩筏基础应用于砂土上支撑储罐的优点和局限性。

2020年，徐长琦[16]采用有限元软件ABAQUS对桩-土模型进行分析，根据有限元模型的振动频率确定不同阻尼比相应的阻尼系数，并分别对不同阻尼系数的结构进行了时程分析，给出阻尼比对结构的时程曲线的影响规律。

2020年，高小波等[17]在考虑储罐桩-土-结构相互作用的条件时，对储罐的晃动以及提离进行了分析，并设计了振动台试验，根据试验结果提出了在进行储罐设计时，应考虑有关长周期地震波对储罐影响的建议。

目前关于桩-土-结构相互作用体系的研究，主要停留在考虑桩-土-结构相互作用以及不考虑桩-土-结构相互作用的对比，对桩基础本身对桩-土-结构作用的研究较少，今后可以针对这一问题进行深入研究。

1.3.2 土-储罐结构相互作用研究现状

为方便进口液化天然气的储运，国内大多数大型LNG储罐建在沿海地区，这些地区土质普遍较软，高承台桩基础是比较常见的结构形式。鉴于LNG储罐的安全等级要求较高，故而进行储罐的地震响应分析是必要的。但现阶段关于储罐的抗震、减隔震分析大多局限于刚性基础范围。在大型LNG储罐的抗震设计中，为提高结构的安全性，应考虑土-结构相互作用，即场地土与桩基结构物在地震过程中相互影响。

1992年，Haroun[18-19]等考虑了地基土效应对储罐的影响，建立了土与储罐相互作用的简化力学模型，验证了考虑土与储罐相互作用后储罐的地震响应有所降低。

1988年到1990年，Fischer 和 Seeber[20-21]对考虑罐与土体相互作用的储罐进行了水平和竖向地震响应分析，结果表明柔性地基会影响储罐的地震响应。

2010年，孙建刚[22]基于Haroun-Housner模型，将地基土考虑为平动和转动的弹簧阻尼体系，将储罐结构体系简化为三质点四自由度力学模型，来研究储罐的地震响应受地基土弹性的影响。分析结果表明，考虑地基土弹性作用的地震引起储罐的基底剪力、倾覆力矩、晃动波高与刚性基础相比均有放大效应。且随储液高与半径比值的不同，地震响应的放大效应不同。在不同的场地上，储罐高径比不同对其地震响应影响不同。优化高径比可以得到理想的地震响应。土的弹性对液固耦合质点加速度的影响比较大，对晃动质点加速度、刚性质点加速度影响较小。在储罐的各质点地震作用力对基底剪力的贡献中，液固耦合质点地震作用力是主导项。这一结果表明，考虑弹性地基影响的储罐，其地震响应的放大主要是由储罐液固耦合加速度的放大较大所致。

2013年，孙建刚等[23]对考虑了SSI效应的水平基础隔震储罐进行研究，得出储罐的抗震与隔震设计要视安全需求来决定是否考虑土与结构的相互作用。

2012年，郑建华等[12]和刘伟兵等[24]依据JGJ 94—2008《建筑桩基技术规范》将桩-土简化为弹簧阻尼器系统，计算了桩-土-LNG储罐简化力学模型的地震响应，并采用数值仿真进行了对比验证。

2015年，马永峰[25]以广西石化1000万t/a的炼油项目为背景，建立软土地基大型油罐沉降的二维有限元模型。在数值分析的基础上，介绍了油罐沉降的特点，分析了油罐沉降的特征指标（最大沉降及差异沉降），并与实际监测结果进行了对比。研究表明二维有限元数值模拟的环墙沉降走势基本上与环墙实际监测变形一致，表明使用数值模拟手段来计算分析软土地基油罐沉降是可行的。

2015年，Ruiz[26]建立了三维线性有限元模型，计算出原型结构的自振频率，而后对结构地板施加简谐荷载，得到两个水平方向的动力响应存在耦合的情况，并通过其结果建立阻抗函数，通过引入一个特定的边界用于考虑辐射阻尼的存在，最后使用单位脉冲对有限元模型进行计算得到相应的阻抗函数，并建立弹簧单元代替真实土体，计算出原型结构的自振周期和刚度，结果与相关规范中的规定接近。

2020年，Lyu[27]使用流体势理论，考虑土-结构相互作用和流固相互作用，推导了在几何线性的情况下卧式储罐的简化力学模型，并使用ADINA进行有限元建模，验证了理论模型的正确性。

目前，对考虑土-结构相互作用和不考虑土-结构相互作用的储罐地震响应分析的研究一直是这一研究领域国内外学者十分关注的课题，但同时考虑晃动质量、流固耦合振动质量、刚性脉冲质量和土-结构相互作用的研究报道较少。

1.3.3 LNG储罐-储液流固耦合作用研究现状

流固耦合力学作用的研究对象是固体在流场作用下的各种行为以及固体变形或运动对流场的影响。流固耦合的重要特征在于两相介质之间的相互作用，固体在流体动荷载作用下产生变形或运动，而固体的变形或运动反过来影响流场，从而改变流体荷载的分布和大小。按照耦合机理，流固耦合问题大致可以分为两大类：第一类是两相介质部分或全部重叠在一起，如渗流问题；第二类的特征是耦合作用仅发生在两相界面上。Zienkiewicz和Bettess[28]曾将第二类问题分为三种情况：一是流体和固体间有相对较大运动的情况，如飞机飞行状态下的气动弹性力学问题；二是有限流体短周期运动的情况，如流体受冲击和水下爆炸问题；三是有限流体长周期位移的情况，如充液容器（储罐）的流固耦合振动问题。大型LNG储罐，由于几何形状较复杂，因此储罐-液体流固耦合作用的解析解比较复杂，一般需要借助计算机来获得。

国外对LNG储罐热分析研究的相关文献较少，主要集中在泄漏工况下热应力分析、温度场分布、热泄漏机理研究以及漏热量计算等方面。Dahmani等[29]采用ANSYS有限元软件在考虑LNG储罐泄漏的工况下，对低温下的LNG储罐温度场进行了分析研究，得出温度场相关分布情况，然后对储罐各节点的温度和热应变等进行了计算。Maksimov等[30]介绍了液化天然气低温储存过程中对流换热的数学建模结果，并研究了外部边界处在不同热流强度下围护结构内的自然对流情况，得到了LNG储罐内部水动力参数和温度场分布情况，指出换热速率对LNG储罐中溶液边界有显著的影响。Chen等[31]对LNG储罐不同的热泄漏机理进行了研究，建立了LNG储罐传热学和热力学模型，然后对LNG储罐内燃料的性能和组成变化进行了模拟。Lee等[32]采用有限元分析的方法对矩形和圆形的底角角钢进行了结构分析，并且预测了保护角焊缝的疲劳寿命。得出当LNG液体从钢内罐中泄漏时，外罐外表面和内表面的巨大温差会在外罐的圆柱形底部引起较大的拉应力，因此在护角处安装绝缘材料和9%镍钢作为第二道屏障。Zakaria等[33]利用ANSYS 16.0软件模拟了LNG储罐的侧翻现象，并研究了不同环境温度对LNG储罐侧翻的影响，研究发现较高的温度会导致较高的热泄漏，传到LNG储罐中，并且通过罐壁的传热高于通过罐基向罐泄漏的热量。Roetzer等[34]对预应力混凝土储罐在泄漏工况下的温度场及热应力进行了研究。Stochino等[35]考虑钢制内罐的泄漏会对混凝土外层产生巨大的温度梯度，分析和讨论了温度梯度对轻质黏土骨料混凝土弹性模量的影响，通过测试混凝土的应力应变，提出了混凝土弹性性质与温度场之间的关系。

国内对LNG储罐流固耦合相关的研究起步较晚，针对LNG储罐泄漏工况下的地震响应分析文献也相对较少，且相关研究主要集中在其振动特性分析，振动周期求解以及求解地震作用下的位移、加速度、环向应力等方面。很少对地震作用下LNG储罐的流固耦合综合来进行考虑，地震作用下LNG储罐的地震响应研究现状如下。

1995年，Kim等[36]对考虑了流固耦合动力效应的液化天然气储罐的地震响应进行有限元非线性分析，并且在柔性储罐附加质量模型的基础上，提出了一种关于封闭形式的圆柱形储罐的附加质量函数。

2000年，高晓安[37]使用实际边界的贴体坐标法，对三维流固耦合程序进行了开发，此程序适用于计算流体和弹性结构的相互作用，然后研究了弹性储液容器在地震作用下的地震响应情况。

2005年，王大钧等[38]对壳-液耦合系统进行了研究，得出低频大幅重力波的产生是由于液体在柱形弹性容器中受到高频激励的作用，并且对中国古文物龙洗现象的产生进行了介绍。

2007年，王晖等[39]对储液容器流固耦合模态的变化进行了研究，在研究过程中采用了强耦合的研究方法，探究了储罐固有频率的影响因素：储罐内液体的深度和储罐结构的刚度。研究发现储罐固有频率受储罐内液体深度的影响很大，当储罐内的液体量较少时，储罐固有频率和空罐相比几乎没有改变，但当储液量增多时储罐固有频率下降很快。

2008年，张云峰等[40]利用ANSYS有限元软件建立了内罐泄漏条件下圆柱形LNG储罐预应力混凝土外墙的有限元模型，将内部液体与墙体产生的动液压力等效为附加质量，在半液位高度和满液位高度两种工况下，求得外墙自振频率环向波变化曲线。

2010年，杜显赫[41]采用欧拉-拉格朗日方程，对容积为50000立方米的LNG储罐在地震荷载作用下的情况进行了研究，得出在储罐的环梁处有较大应力产生，在设计建造时应加强此处，当内罐泄漏时其最大应力出现在筒壁的底部，最大水平位移出现在筒壁的中下部，最后得出欧拉-拉格朗日方程对地震作用下LNG储罐的流固耦合研究是非常适用的。

2011年，张营[42]使用ADINA有限元软件计算了储罐的频响特性，研究了LNG储罐在自重、储液晃动和地震荷载共同作用下的地震响应，分析了在不同场地条件下其对储罐地震响应的影响。

2013年，谢剑[43]使用ADINA有限元软件对某16万立方米储罐进行有限元建模，在储罐不同位置设置不同大小的防晃圈，并对其进行水平方向的地震响应分析，得到了防晃圈大小和设置位置的最优解。

2014年，余晓峰[44]使用ANSYS有限元软件对某16万立方米LNG储罐进行建模，在满罐工况下，对储罐进行了模态分析，得到储罐的液体晃动周期以及流固耦合周期，将其与理论解进行对比，验证了有限元模型的正确性。

2014年，王皓淞[45]根据LNG储罐工程实例，利用ANSYS有限元软件建立LNG储罐精细化模型，利用直接耦合法对液体单元和罐体结构进行流固耦合约束，采用缩减法进行储罐振动特性分析，获得了空罐、正常工作时满液位以及满液位泄漏、半液位泄漏四种工况下钢制内罐与预应力混凝土外罐的振动特点和振动周期；分析了液体与罐体相互作用时，液体对罐体结构振动特性的影响及规律。在考虑流固耦合的作用下，LNG储罐结构的振型分为晃动振型（低频）、环向多波振型、冲击振型（高频）三种。其中，晃动振型主要取决于罐体的几何尺寸与液体液面高度，与罐体的刚度没有关系；环向多波振型取决于罐体刚度；冲击振型主要由储罐整体侧移刚度决定，冲击振型周期比晃动振型周期要短。

2015年，熊杰[46]基于相似理论推导出了两种动力相似关系——考虑流固耦合作用的动力相似关系和不考虑流固耦合作用的动力相似关系。以LNG储罐为工程背景并结合上述推导的两种相似关系，得到了考虑流固耦合作用的试验模型和不考虑流固耦合作用的试验模型。并利用ADINA有限元软件分别对这两种试验模型以及 LNG 储罐原型结构进行动力学数值分析计算。通过上述数值分析计算结果，将两种试验模型和 LNG 储罐原型结构进行对比。通过原型结构数值计算可知，LNG 储罐的液体频率计算包括刚体运动频率、液体晃动频率以及流固耦合振动频率三部分。由于储罐中液体的晃动为低频长周期振动，计算得到的晃动模态的数值较小。同时，储罐原型结构和其相应的约束条件均对称，因此计算时出现重根，即计算得到的晃动频率成对出现。

2016 年，爱的歌[47]以实际工程为背景，用 ADINA 和 ANSYS 有限元软件对全混凝土储罐的动力特性、地震响应及采用"荷花叶（LLM）法"（防晃浮动毯子）进行防晃减震的储罐作了具体的分析与研究。并对空罐、半罐和满罐的情况进行储罐动力特性分析，在考虑内罐的流固耦合及晃动模态情况下，提取内外罐的振型和自振频率。在统一场地地震波激励下，半罐液位减晃率较满罐时大，减晃效果最好。减晃后，外罐减晃率平常比内罐小，内罐减晃效果优于外罐；满罐液位、半罐液位内罐的减晃率高。空罐时，由于没有液体的影响，因此没有晃动。

研究发现，LNG 储罐的液固耦合振动存在多种形式，包括径向、环向多波及梁式等振型的形式。从有效质量的控制因子来看，梁式振型起主导作用。计算的梁式振型耦合振动与 Haroun-Housner 理论吻合较好。与晃动频率一样，耦合振动频率也成对。

1.3.4　本章小结

本章介绍了本书的研究背景和研究意义。大型 LNG 储罐的建设作为城市生命线工程，储罐在地震时安全运行十分重要。从国家"双碳"目标角度出发，介绍了 LNG 发展现状，描述了 LNG 储罐的主要结构形式，总结了储罐桩-土-桩相互作用研究现状，梳理了国内外学者围绕土-储罐结构相互作用以及 LNG 储罐-储液流固耦合作用等方面开展的研究工作，为下文奠定了基础。

参考文献

[1] 中华人民共和国国家发展和改革委员会.关于完善能源绿色低碳转型体制机制和政策措施的意见[EB]. (2022-01-30). http://www.gov.cn/zhengce/zhengceku/2022-02/11/content_5673015.htm.

[2] 中华人民共和国国务院.关于加快建立健全绿色低碳循环发展经济体系的指导意见[EB]. (2021-02-02). http://www.gov.cn/zhengce/content/2021-02/22/content_5588274.htm.

[3] 周玮生. 低碳中国的战略选择[C]. 中国科协年会论文集, 2018, 7(2): 16-20.

[4] 刘合, 梁坤, 张国生. 碳达峰、碳中和约束下我国天然气发展策略研究[J]. 中国工程科学, 2021, 23(6): 33-42.

[5] 年致彤. 天然气市场形势与安全供应[J]. 天然气工业, 2017, 10(9): 28-31.

[6] 闫晓, 赵东风, 孟亦飞. 大型LNG储罐防火间距分析[J]. 中国安全生产科学技术, 2013, 9(6):127-132.

[7] 土木学会.LNG地下タンク躯体の構造性能照査指針[J]. コンクリートライブラリー, 1999, 98: 79-89.

[8] 宋忠兵, 徐岸南, 刘恒. LNG接收站薄膜型储罐技术研究[J]. 船舶与海洋工程, 2017, 33(6): 17-19+43.

[9] 林杨. 大型LNG储罐桩-土-结构-隔震体系地震响应分析[D]. 天津：天津大学, 2012.

[10] 张恒. 考虑桩-土-结构相互作用的大型LNG储罐有限元动力分析[D]. 天津：天津大学, 2012.

[11] 刘帅, 翁大根, 张瑞甫. 软土场地大型LNG储罐考虑桩土相互作用的地震响应分析[J]. 振动与冲击, 2014, 33(7): 24-30+50.

[12] 郑建华, 孙建刚, 崔利富, 等. 桩土影响下LNG储罐基础隔震地震响应分析[J]. 地震工程与工程振动, 2014, 34(2): 223-232.

[13] 罗东雨, 孙建刚, 郝进锋, 等. LNG储罐桩基础隔震长周期地震作用效应分析[J]. 地震工程与工程振动, 2015, 35(6): 170-176.

[14] 赵泽钦, 陈团海, 张超. LNG储罐桩土非线性有限元模拟[J]. 石油工程建设, 2017, 43(3): 15-20+7.

[15] Sahraeian S M S, Takemura J, Seki S. An investigation about seismic behavior of piled raft foundation for oil storage tanks using centrifuge modelling[J]. Soil Dynamics and Earthquake Engineering, 2018, 104: 210-227.

[16] 徐长琦. 桩周土阻尼及检测点分布对低应变反射波法的影响分析[J]. 广东土木与建筑, 2020, 27(4): 82-85.

[17] 高小波, 孙建刚, 罗东雨. 考虑桩土作用的储罐模拟地震振动台试验[J]. 地震工程学报, 2020, 42(3): 629-638.

[18] Haroun M A, Abou-Izzeddine W. Parametric study of seismic soil-tank interaction. I: Horizontal excitation[J]. Journal of Structural Engineering, 1992, 118(3): 783-797.

[19] Haroun M A, Abou-Izzeddine W. Parametric study of seismic soil-tank interaction. II: Vertical excitation [J]. Journal of Structural Engineering, 1992, 118(3): 798-811.

[20] Fischer F, Seeber R. Dynamic response of vertically excited liquid storage tanks considering liquid-soil interaction[J]. Earthquake Engineering & Structural Dynamics, 1988, 16(3): 329-342.

[21] Seeber R, Fischer F D, Rammerstorfer F G. Analysis of a three-dimensional tank-liquid-soil interaction problem [J]. Journal of Pressure Vessel Technology, 1990, 112(1): 28.

[22] 孙建刚, 崔利富, 张营, 等. 土与结构相互作用对储罐地震响应的影响[J]. 地震工程与工程振动, 2010, 30(3): 141-146.

[23] 孙建刚, 崔利富, 王向楠. 桩土影响下LNG储罐基础隔震数值模拟分析[J]. 地震工程与工程振动, 2013, 33(6): 102-107.

[24] 刘伟兵, 孙建刚, 崔利富, 等. 考虑SSI效应的$15\times10^4 m^3$储罐基础隔震数值仿真分析[J]. 地震工程与工程振动, 2012, 32(6): 153-158.

[25] 马永峰, 郭冰鑫, 张志豪, 等. 软土地基大型油罐沉降数值分析[J]. 石油工程建设, 2015, 41(1): 14-18.

[26] Ruiz D P, Gutiérrez S G. Finite element methodology for the evaluation of soil damping in LNG tanks supported on homogeneous elastic halfspace [J]. Bulletin of Earthquake Engineering, 2015, 13(3): 755-775.

[27] Lyu Y, Sun J, Sun Z, et al. Simplified mechanical model for seismic design of horizontal storage tank considering soil-tank-liquid interaction[J]. Ocean Engineering, 2020, 198(6): 106953.

[28] Zienkiewicz O, Bettess P. Fluid-structure dynamic interaction and wave forces. An introduction to numerical treatment [J]. International Journal for Numerical Methods in Engineering, 1978, 13(1): 1-16.

[29] Dahmani L. Thermomechanical response of LNG concrete tank to cryogenic temperatures[J]. Strength of

materials, 2011, 43(5): 526-531.

[30] Maksimov V I, Nagornova T A, Glazyrin V P. et al. Analysis of influence of heat insulation on the thermal regime of storage tanks with liquefied hatural gas[C]. EPJ Web of Conferences, 2016, 110: 01042.

[31] Chen Q S, Wegrzyn J, Prasad V. Analysis of temperature and pressure changes in liquefied natural gas(LNG) cryogenic tanks[J].Cryogenics, 2004, 44(10): 701-709.

[32] Lee S R, Lee K M, Kim H S. Prediction of fatigue life of corner protector of LNG storage tank based on knuckle shape [J]. Journal of Gas Society of Korea, 2014, 18(2): 69-72.

[33] Zakaria Z, Kamarulzaman K, Samsuri A. Rollover phenomena in liquefied natural gas storage: Analysis on heat and pressure distribution through CFD simulation[J]. Int J Innov Eng Technol, 2017, 8(1): 392-400.

[34] Roetzer J, Salvatore D. The fire resistance of concrete structures of a typical LNG tank[J]. Structural Engineering International, 2007, 17(1): 61-67.

[35] Stochino F, Valdes M, Mistretta F, et al. Assessment of lightweight concrete properties under cryogenic temperatures: influence on the modulus of elasticity[J]. Procedia Structural Integrity, 2020, 28: 1467-1472.

[36] Kim N S, Lee D G. Pseudodynamic test for evaluation of seismic performance of base-isolated liquid storage tanks[J]. Engineering Structures, 1995, 17(3): 198-208.

[37] 高晓安. 流体简化模型在储液容器抗震计算中的应用及三维流固耦合程序的开发[D]. 北京：中国原子能科学研究院, 2000.

[38] 王大钧, 刘习军, 周春燕, 等. 壳-液耦合系统的三类非线性动力学问题——"龙洗现象"研究[C]. 中国振动工程学会结构动力学专业委员会. 全国结构动力学学术研讨会学术论文集：2005年卷. 2005: 133-134-135-136-137-138-139-140-141-142-143-144.

[39] 王晖, 陈刚, 张伟, 等. 储液容器三维流固耦合模态分析[J]. 特种结构, 2007(2): 52-54.

[40] 张云峰, 张彬, 岳文彤. 内罐泄漏条件下LNG混凝土储罐预应力外墙模态分析[J]. 大庆石油学院学报, 2008, 32(6): 86-89+126.

[41] 杜显赫. 预应力LNG储罐在地震作用下的流固耦合数值模拟[D]. 沈阳：沈阳工业大学, 2010.

[42] 张营. 大型全容式LNG储罐地震响应数值模拟研究[D]. 大庆：东北石油大学, 2011.

[43] 谢剑, 柳青, 李波. 大型LNG储罐内罐加强圈防晃减震分析[J]. 建筑结构, 2013, 43(S1): 1278-1283.

[44] 余晓峰, 王松生, 苏军伟, 等. 水平地震激励下大型LNG储罐流固耦合模态分析[J]. 世界地震工程, 2014, 30(1): 132-138.

[45] 王皓淞. 液固耦合及桩土相互作用下的LNG储罐振动特性及其抗震性能[D]. 哈尔滨：哈尔滨工业大学, 2014.

[46] 熊杰. LNG储罐振动台试验数值模拟研究[D]. 哈尔滨：哈尔滨工程大学, 2015.

[47] 爱的歌. 大型全容式LNG全混凝土储罐防晃减震分析[D]. 天津：天津大学, 2016.

2

LNG 储罐结构抗震及减隔震理论和研究方法

2.1 地震灾害对LNG储罐的影响

目前国内LNG储罐总量已经超过150个。中国已完全具备LNG储罐的自主设计能力，储罐的建设数量越来越多，罐容也越来越大。由《2025—2031年中国LNG接收站行业市场行情监测及发展前景研判报告》可知，截至2024年中国已建成投产的LNG接收站数量达到33座，比2023年增加5座。如表2.1所示，以往地震都会引起储罐破坏导致严重的灾害，同时会引发严重的环境问题和重大的经济损失。

表2.1 震害案例

事件	时间	后果
1960年智利地震	1960年	许多高架混凝土蓄水池发生故障或严重受损
1964年新潟地震和阿拉斯加地震	1964年	受损储罐中的有毒化学品或液化气体泄漏可能会释放危险液体或气体云，对人口稠密地区造成灾难性影响
1971年圣费尔南多地震	1971年	水处理厂地下混凝土储罐对支撑柱和屋顶施工缝造成损坏

地震作为一种严重的自然灾害，严重威胁人们的生命财产安全。我国作为地震多发的国家之一，地震的危险性高。由 GB 18306—2015《中国地震动参数区划图》可知，大面积的国土的设防地震峰值加速度超过 $0.20g$（g 为重力加速度），其中部分接收站位于高烈度地区，这对大型能源设施构成一定的威胁。

2.2 LNG储罐抗震研究的必要性

随着液化天然气工业的飞速发展，大型LNG储罐作为储存LNG的专用设备，以其节省钢材、投资少、占地面积少、便于管理和操作等优点，在能源工程中应用愈加广泛，成为国家战略能源储备和民用工业不可缺少的关键设备。由于LNG本身具有易燃、易爆、低温的特性，储罐本身又比较脆弱，因而一旦储罐发生破坏，将带来非常重大的经济损失，同时会对环境造成严重的污染，而且储罐事故的发生极易引起爆炸和火灾。大量液体的泄漏和燃烧，会导致毁灭性的次生灾害，特别是储罐容积的大型化后，一旦发生事故就意味着一场巨大的灾难，会对社会造成严重影响，后果不堪设想。

大型LNG储罐是一种壁薄、直径大、拱顶大跨度壳体容器。大型LNG储罐自身结构决定了储罐在荷载作用下抵抗变形的能力较差，特别是在地震荷载作用下极易遭到破坏而发生严重的事故。地震会影响LNG储罐的正常使用，同时导致管道的断裂，引起大量液化气体泄漏，对环境造成严重的污染，甚至引发爆炸、火灾等次生灾害，造成经济财产的巨大损失，同时危及人们生命和影响社会发展。1964年日本新潟地震导致炼油厂储罐严重破坏，引发爆炸和火灾，有八十多座大型储罐被烧毁，造成极其严重的经济损失和环境污染。如今人们已经意识到大型储罐，特别是大型LNG储罐发生事故时的破坏力非常强，随着储罐容积的日益增大，储罐安全性能变得尤为重要。因此，对大型LNG储罐的抗震性能研究具有非常重要的意义，近年来世界上许多学者对其开展了大量研究，并且得到了一系列有价值的研究成果。

2.2.1 LNG储罐地震震害后的破坏形式

半个世纪以来，在国内外地震中，大型储罐因为地震而遭到破坏屡见不鲜。例如，1964年日本新潟地震、1976年我国唐山地震、1994年美国洛杉矶北岭地震、1995年日本阪神地震、2003年日本十胜冲地震中都有大量的储罐遭到地震破坏。总结历次大型储罐的破坏特点，其破坏形式主要有以下几个方面。

① 罐壁的破坏。金属圆柱形储罐的外壁局部失稳是常见的破坏形式，主要表现为罐壁底部的"象足式鼓曲"和"菱形钻石型褶皱"。"象足式鼓曲"是由于罐壁底部轴向受压力而失稳，这种破坏常发生于矮罐，易导致储罐侧壁下部乃至根部产生裂缝，引起储罐的严重泄漏，如图2.1（a）所示。"菱形钻石型褶皱"是由于罐壁的局部承压过大而失稳，如图2.1（b）所示。

② 罐顶的破坏。浮顶储罐的浮顶破坏主要形式有浮顶沉没、浮顶上部构件破坏、浮舱和单盘的焊缝撕裂破坏以及浮顶被导向柱卡住不能升降而造成的破坏，其主要原因在于液面晃动过大，引起浮盘撞击罐顶和上部罐壁。

③ 罐底板、锚固件和罐底大角缝的破坏。在地震作用下，这种破坏主要是由储罐的翘离和储罐基础的不均匀沉降而产生的，往往引起储液大量外溢，引发次生灾害。

④ 管接头及其附件的破坏。这种破坏主要是由于储罐的翘离、位移和沉陷引起的。一般可用抗震构造措施加以防止，如采用柔性管接头等。

⑤ 砂土液化和基础冲击破坏。砂土液化会导致储罐不均匀沉降，不仅会引起罐体破坏，也可能引起罐底板破坏。罐内液体外流也会造成基础圈梁破坏。

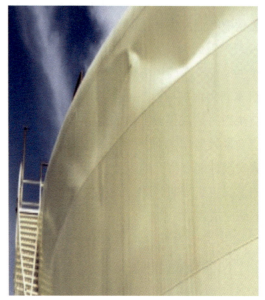

(a) "象足式鼓曲"破坏　　　　(b) "菱形钻石型褶皱"破坏

图2.1　储罐的典型破坏形式

2.2.2　LNG储罐抗震研究现状

从二十世纪三十年代开始人们就对大型LNG储罐地震作用下的抗震性能进行了分析，取得了很大成就。但在1964年美国的阿拉斯加地震中，大量大型LNG储罐遭到破坏，带来了非常严重的经济损失，从此，大型LNG储罐在地震荷载下抗震研究成为研究的重点问题。在此过程中，大多研究重点是对大型LNG储罐在地震作用下的结构响应进行分析，经过半个多世纪不懈努力，获得了大量有价值的研究成果。LNG锚固储罐的抗震研究主要包括：动力特性分析、应力与变形量计算、稳定性和强度破坏分析等。现有的研究主要集中在水平地震作用，只有少数涉及竖向地震作用。

储罐的抗震计算工作始于Jacobsen、Housner等的研究。Housner[2]于1957年在前人研究的基础上提出了著名的刚性储罐简化模型即质量弹簧系统模型。该模型假设：罐壁是刚性的、液体仅有小的表面移动及液体与罐壁始终保持紧密接触、罐体没有翘离。此模型简单实用，在二十世纪六七十年代的储罐抗震设计中被广泛应用。此后，很多理论研究及设计都是在此理论上确立的。

柔性储罐的振动问题关键是液固耦合问题，从其性质来看，它涉及相互耦合的两种不同介质，这一特点使其比刚性储罐的研究更复杂。人们对该问题采取的分析方法主要有两种：有限元法和简化模型分析法。Veletsos-Yang[3]模型和Haroun-Housner[4]模型是这一时期的最典型代表。

1969年，Edwards[5]运用有限元计算方法通过计算机对储罐液固耦合系统在地震作用下的响应问题进行了数值模拟。20世纪70年代以后Shaaban[6]和Haroun[7]等人同样采用有限元计算方法对立式圆柱形储罐进行了多方面的研究。

1974年，Veletsos[3]提出了假设模态法，将液固耦合系统简化为单自由度体系。该方法预先设定弯曲振动模态，假设罐体按已给定的模态振动，未考虑液体运动，获取作用于罐壁上的动水压力分布规律，且考虑刚性基础，从而得到Veletsos-Yang简化计算模型：刚性基础上柔性罐壁单自由度质点模型，该模型是提离简化模型的理论基础。同时提出悬臂梁分析理论，发现在相同地震作用条件下，刚性罐壁的动水压力比柔性储罐的动水压力小很多，从而应用有限元法对大型储罐的动力性能及其水弹性进行了分析。

1989年，Hwang[8]将流体和罐壁分成两个子结构，由液体的动压力将两个结构联系起来，罐壁的位移量用空罐的前几阶固有频率的线性组合来表示，流体用边界积分确定动压力，再将其组合到罐体的有限元方程中。在忽略液体表面自由晃动的情况下，分析柔性储罐对任意地面运动的响应。Shahverdiani等[9]在2010年，用类似的方法对立式圆柱罐进行了地震响应时程分析。

我国储罐的抗震研究起步较晚，近年来，已有许多学者对储罐抗震进行了一些研究。2005年，杜英军等[10]应用ANSYS有限元软件对锚固式内浮顶储罐进行了模态分析，并给出了振型图。同年张云峰等[11]用有限元法对1000m³和10000m³储罐进行了模态分析和动力响应谱分析，获取了罐壁应力位移变形值，并且同GB 50191—2012《构筑物抗震设计规范》计算结果进行了比较，结果表明规范计算偏保守。2010年李可娜等[12]运用有限元原理，基于ADINA非线性分析软件，在考虑液固耦合的基础上，对不同液位高度的储罐进行了静力及地震响应分析，并得到了良好的结果，其中包括弹性罐体的变形等。2011年，袁朝庆等[13]研究了LNG内罐泄漏后，外罐的自振特性和地震响应情况，得到了外罐在地震响应下的加速度、位移及应力的分布规律。2012年，周利剑等[14]针对内罐泄漏条件下LNG储罐混凝土外罐，采用不同场地、不同方向地震波对其进行地震响应分析，得出地震波波形及方向对储罐外罐的地震响应的影响。结果表明：坚硬场地垂直向地震波对外罐的加速度影响较小，其他场地垂直向地震波对外罐的加速度影响较大，特别是软弱场地的影响最大；垂直向地震波对外罐的有效应力影响很小。2013年，刘佳等[15]应用ANSYS有限元软件对$4×10^4m^3$ LNG储罐进行了模态分析和地震响应谱分析，得出储罐网壳拱顶的位移与应力的响应状况。2014年，董莉等[16]用ANSYS有限元软件建立了浮顶储罐的有限元模型，对模型罐液固耦合情况进行模态分析，模型罐液固耦合一阶频率为16.330Hz。2015年，张伟等[17]基于ANSYS有限元软件对$2×10^4m^3$ LNG储罐进行模态和地震作用下响应分析，发现在地震对大型LNG储罐结构动力特性影响中，水平地震作用是主要的，因此在地震频发地区建设大型LNG储罐时，应将水平地震作用下的强度校核结果作为评价储罐抗震性能的一项指标。

尽管近一个世纪以来，国内外学者做了大量的工作，但地震灾害后储罐的破坏表明，有些成果结论仍与实际震害有很大差距，其原因是所建立的理论分析模型及试验未包含实际地震作用下影响储罐动力响应的全部因素，因此，储罐的抗震研究仍需要深入。

2.3 LNG储罐结构抗震及减隔震理论

2.3.1 概述

目前抗震及减隔震理论主要基于刚性地基与柔性地基，同时考虑罐壁刚性或弹性进行建立，刚性地基与柔性地基及罐壁刚性或弹性将在下一节进行详细阐述，本节主要介绍方法，以刚性地基下的全容罐为例，阐述建立抗震及减隔震力学模型及相关控制方程的过程，并给出LNG储罐有关设计参数公式。

2.3.2 刚性地基LNG全容罐抗震设计基本理论

针对全容罐，将外罐简化为具有集中质量的剪切悬臂梁，内罐简化基于Haroun-Housner[4]模型，力学简化模型见图2.2。

根据结构动力学中哈密顿（Hamilton）原理：

$$\delta \int_{t_1}^{t_2}(T-V)\mathrm{d}t+\int_{t_1}^{t_2}\delta W_{nc}\mathrm{d}t=0 \qquad (2.1)$$

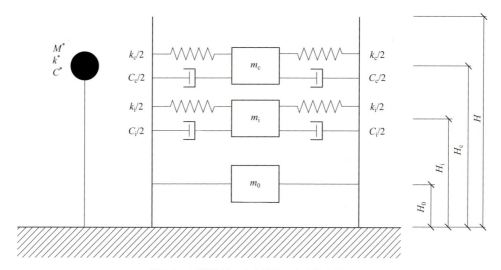

图2.2 刚性地基下全容罐抗震力学简化模型

M^*—外罐等效质点质量；k^*—外罐等效刚度；C^*—外罐等效阻尼；m_0—液体等效刚性质量；m_i—液体等效冲击质量；m_c—液体等效对流质量；H_0—刚性质量等效高度；H_i—冲击质量等效高度；H_c—对流质量等效高度；H—内罐高度；k_i—冲击质量等效刚度；k_c—对流质量等效刚度；C_i—冲击质量等效阻尼；C_c—对流质量等效阻尼

式中，T 为研究系统的动能；V 为研究系统的势能；W_{nc} 为非保守力做的功。

对以上力学简化模型进行应用：

$$T=\frac{1}{2}M^*[\dot{x}_g(t)+\dot{x}^*(t)]^2+\frac{1}{2}m_0[\dot{x}_g(t)]^2+\frac{1}{2}m_i[\dot{x}_g(t)+\dot{x}_i(t)]^2+\frac{1}{2}m_c[\dot{x}_g(t)+\dot{x}_c(t)]^2 \quad (2.2)$$

$$V=\frac{1}{2}k_c x_c^2+\frac{1}{2}k_i x_i^2+\frac{1}{2}k^* x^{*2} \quad (2.3)$$

$$\delta W_{nc}=-C_c\dot{x}_c\delta x_c-C_i\dot{x}_i\delta x_i-C^*\dot{x}^*\delta x^* \quad (2.4)$$

将式(2.2)~式(2.4)代入式(2.1)并整理得该力学简化模型控制方程如下：

$$\begin{bmatrix} M^* & 0 & 0 \\ 0 & m_c & 0 \\ 0 & 0 & m_i \end{bmatrix}\begin{bmatrix} \ddot{x}^* \\ \ddot{x}_c \\ \ddot{x}_i \end{bmatrix}+\begin{bmatrix} k^* & 0 & 0 \\ 0 & k_c & 0 \\ 0 & 0 & k_i \end{bmatrix}\begin{bmatrix} x^* \\ x_c \\ x_i \end{bmatrix}+\begin{bmatrix} C^* & 0 & 0 \\ 0 & C_c & 0 \\ 0 & 0 & C_i \end{bmatrix}\begin{bmatrix} \dot{x}^* \\ \dot{x}_c \\ \dot{x}_i \end{bmatrix}=-\begin{bmatrix} M^* \\ m_c \\ m_i \end{bmatrix}\ddot{x}_g \quad (2.5)$$

式中，$\ddot{x}_i(t)$ 为冲击质量加速度；$\ddot{x}_c(t)$ 为对流质量加速度；$\ddot{x}_g(t)$ 为地面运动加速度；$\ddot{x}^*(t)$ 为外罐等效质量加速度。

钢制内罐设计剪力：

$$Q_s=-m_0\ddot{x}_0(t)-m_i[\ddot{x}_g(t)+\ddot{x}_i(t)]-m_c[\ddot{x}_g(t)+\ddot{x}_c(t)] \quad (2.6)$$

基础设计总剪力：

$$Q_t = -M^*[\ddot{x}_g(t) + \ddot{x}^*(t)] - m_0\ddot{x}_0(t) - m_i[\ddot{x}_g(t) + \ddot{x}_i(t)] - m_c[\ddot{x}_g(t) + \ddot{x}_c(t)] \quad (2.7)$$

内罐设计罐壁倾覆弯矩：

$$M_s = -m_0 H_0 \ddot{x}_g(t) - m_i H_i[\ddot{x}_g(t) + \ddot{x}_i(t)] - m_c H_c[\ddot{x}_g(t) + \ddot{x}_c(t)] \quad (2.8)$$

基础设计总倾覆弯矩：

$$\begin{aligned} M_t = & -M^* H[\ddot{x}_g(t) + \ddot{x}^*(t)] - m_i H_i[\ddot{x}_g(t) + \ddot{x}_i(t)] \\ & - m_c H_c[\ddot{x}_g(t) + \ddot{x}_c(t)] - m_0 H_0[\ddot{x}_0(t) + \ddot{x}_g(t)] \end{aligned} \quad (2.9)$$

晃动波高：

$$h_v = 0.837 R \frac{\ddot{x}_s(t) + \ddot{x}_c(t)}{g} \quad (2.10)$$

2.3.3 刚性地基LNG全容罐减隔震设计基本理论

刚性地基下LNG全容罐隔震储罐简化模型如图2.2，考虑到隔震及减震，力学简化模型见图2.3。图中刚度项（k）进行隔震设计，阻尼项（c）进行减震设计。

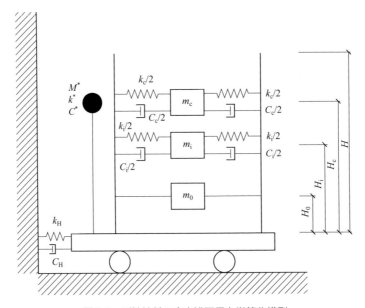

图2.3 刚性地基下全容罐隔震力学简化模型

根据结构动力学中哈密顿（Hamilton）原理（具体见2.3.2节）对以上力学简化模型进行应用：

$$T=\frac{1}{2}M^*[\dot{x}_g(t)+\dot{x}_0(t)+\dot{x}^*(t)]^2+\frac{1}{2}m_0[\dot{x}_0(t)+\dot{x}_g(t)]^2$$
$$+\frac{1}{2}m_i[\dot{x}_0(t)+\dot{x}_g(t)+\dot{x}_i(t)]^2+\frac{1}{2}m_c[\dot{x}_0(t)+\dot{x}_g(t)+\dot{x}_c(t)]^2 \tag{2.11}$$

$$V=\frac{1}{2}k_c x_c^2+\frac{1}{2}k_i x_i^2+\frac{1}{2}k_0 x_0^2+\frac{1}{2}k^* {x^*}^2 \tag{2.12}$$

$$\delta W_{nc}=-C_c \dot{x}_c \delta x_c - C_i \dot{x}_i \delta x_i - C_0 \dot{x}_0 \delta x_0 - C^* \dot{x}^* \delta x^* \tag{2.13}$$

将式(2.11)~式(2.13)代入式(2.1)并整理得该力学简化模型控制方程如下：

$$\begin{bmatrix} M^* & 0 & 0 & M^* \\ 0 & m_c & 0 & m_c \\ 0 & 0 & m_i & m_i \\ M^* & m_c & m_i & M^*+m_c+m_i+m_0 \end{bmatrix} \begin{Bmatrix} \ddot{x}^* \\ \ddot{x}_c \\ \ddot{x}_i \\ \ddot{x}_0 \end{Bmatrix} + \begin{bmatrix} k^* & 0 & 0 & 0 \\ 0 & k_c & 0 & 0 \\ 0 & 0 & k_i & 0 \\ 0 & 0 & 0 & k_0 \end{bmatrix} \begin{Bmatrix} x^* \\ x_c \\ x_i \\ \dot{x}_0 \end{Bmatrix} +$$
$$\begin{bmatrix} C^* & 0 & 0 & 0 \\ 0 & C_c & 0 & 0 \\ 0 & 0 & C_i & 0 \\ 0 & 0 & 0 & C_0 \end{bmatrix} \begin{Bmatrix} x^* \\ x_c \\ x_i \\ \dot{x}_0 \end{Bmatrix} = - \begin{Bmatrix} M^* \\ m_c \\ m_i \\ M^*+m_c+m_i+m_0 \end{Bmatrix} \ddot{x}_g \tag{2.14}$$

钢制内罐设计剪力：

$$Q_s=-m_0[\ddot{x}_0(t)+\ddot{x}_g(t)]-m_i[\ddot{x}_0(t)+\ddot{x}_g(t)+\ddot{x}_i(t)]$$
$$-m_c[\ddot{x}_0(t)+\ddot{x}_g(t)+\ddot{x}_c(t)] \tag{2.15}$$

基础设计总剪力：

$$Q_t=-M^*[\ddot{x}_0(t)+\ddot{x}_g(t)+\ddot{x}^*(t)]-m_0[\ddot{x}_0(t)+\ddot{x}_g(t)]-m_i[\ddot{x}_0(t)+\ddot{x}_g(t)+\ddot{x}_i(t)]$$
$$-m_c[\ddot{x}_0(t)+\ddot{x}_g(t)+\ddot{x}_c(t)] \tag{2.16}$$

内罐设计罐壁倾覆弯矩：

$$M_s=-m_0 H_0[\ddot{x}_0(t)+\ddot{x}_g(t)]-m_i H_i[\ddot{x}_0(t)+\ddot{x}_g(t)+\ddot{x}_i(t)]$$
$$-m_c H_c[\ddot{x}_0(t)+\ddot{x}_g(t)+\ddot{x}_c(t)] \tag{2.17}$$

基础设计总倾覆弯矩：

$$M_t=-M^* H[\ddot{x}_0(t)+\ddot{x}_g(t)+\ddot{x}^*(t)]-m_0 H_0[\ddot{x}_0(t)+\ddot{x}_g(t)]$$
$$-m_i H_i[\ddot{x}_0(t)+\ddot{x}_g(t)+\ddot{x}_i(t)]-m_c H_c[\ddot{x}_0(t)+\ddot{x}_g(t)+\ddot{x}_c(t)] \tag{2.18}$$

晃动波高：

$$h_v=0.837R\frac{\ddot{x}_0(t)+\ddot{x}_s(t)+\ddot{x}_c(t)}{g} \tag{2.19}$$

2.4 试验方法

2.4.1 概述

试验是研究结构的常用手段,而振动台试验是一种利用专用设备模拟地震时储罐结构在地面加速度运动激励下的动载试验。LNG抗震及减隔震研究实质就是研究储罐在地震时的响应特性,对于LNG储罐,模拟地震振动台试验是研究储罐抗震减震性能的有效手段,可以真实反映地震响应[18]。之前,有较多学者已经对储罐进行了振动台试验,验证了振动台试验对研究LNG储罐结构地震特性的有效性。为理论分析提供了科学验证。1988年,Chalhoub[19]对LNG基础隔震结构进行了振动台实验,并将其与抗震结构进行了对比,通过振动台试验验证了隔震储罐动水压力与液面高度成反比。1995年,Kim和Lee[20]通过振动台实验,对采用叠层铅芯橡胶支座作为隔震装置的储罐进行了单向激励下的振动响应研究,验证了隔震装置能够有效减少储罐的地震响应,并依据振动台试验结果对其抗震性能进行了评价。2000年,Castellano等[21]通过振动台试验对采用弹性隔震器和钢制阻尼器并联的储罐基础隔震体系进行了研究,研究发现基础隔震的储罐结构可以有效减小动水压力,但是会增加晃动波高。2005年,孙建刚教授[22]对立式储罐隔震结构进行了振动台试验研究,通过分析振动台试验结果发现:基础隔震对中短周期地震激励的控制与隔震基频有关,同时验证了其所建立的LNG储罐三质点体系理论分析方法是正确的;隔震基频低于地震频率时,才会对储罐的地震响应起到控制作用。综上,振动台试验对研究LNG储罐地震响应有着重要的作用。由于本节仅介绍试验方法,因此本章仅对方法整体进行阐述,具体内容见第三章。振动台试验过程见图2.4。

2.4.2 模型设计及施工

(1)获取振动台参数

根据试验目的确定振动台的选择,并获取振动台台面大小、最大承重、振动方向、频率范围、最大单向行程等参数。

(2)确定模型相似关系

因为原型结构一般较大,考虑经济性及振动台的参数,一般的结构试验都是缩尺模型试验。缩尺模型是根据原型结构,在保证原型的全部或部分特征的条件

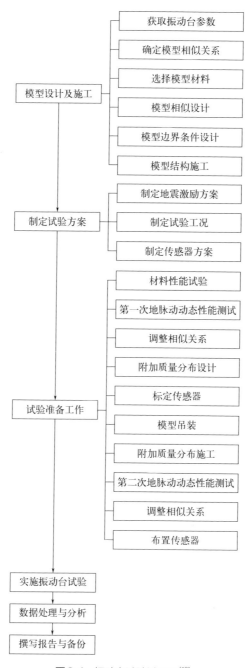

图2.4 振动台试验过程图[18]

下,按照设计比例形成的缩尺结构。对缩尺模型进行试验可以得到与原型结构相似的工作情况,从而可以对原型结构的工作性能进行了解和研究。模型试验的核心问题是如何按照相似理论的要求,设计出与原型结构具有相似工作情况的模型结构。

结构的模型与原型之间的相似关系，通过模型结构与原型结构相似系数之间的关系予以反映，即相似条件。模型设计的关键就是要给出各相似系数之间的相似关系。确定相似条件一般有方程式分析法和量纲分析法两种。

① 方程式分析法　运用方程式分析法确定相似条件，必须在进行模型设计前对所研究的物理过程各物理量之间的函数关系，即对试验结果和试验条件之间的关系提出明确的数学方程式，然后才能根据数学方程式，确定相似条件。用方程式分析法确定相似条件，方法简单、概念明确，许多文献有详细介绍，本书不再详细讨论。

② 量纲分析法　当待考察问题的规律尚未完全掌握、问题较为复杂、没有明确的函数关系时，常采用量纲分析法确定相似关系。

量纲（也称因次)的概念是在研究物理量的数量关系时产生的，它说明量测物理量时所采用单位的性质。一般来说选取三个物理量的量纲作为基本量纲，其余物理量的量纲可以作为导出量纲推导得到。例如，在一般结构工程的问题中，各物理量的量纲都可由长度、时间、力三个基本量纲导出，此系统称为绝对系统；由长度、时间、质量三个基本量纲导出的系统称为质量系统。只要基本量纲是相互独立和完整的，各物理量之间的量纲关系实际满足的是一种量纲协调。

（3）选择模型材料

适合制作建筑结构模型的材料很多，但没有绝对理想的材料。因此，正确了解材料的性质及其对试验结果的影响，对顺利完成模型试验具有非常重要的意义。模型试验对模型材料的要求如下。

① 保证相似　要求模型设计满足相似条件，使得模型试验结果可按相似系数相等推算到原型结构上去。

② 保证量测的基本要求　要求模型材料在试验时能产生足够大变形，使量测仪表有足够的读数。因此，应选择弹性模量适当低些的模型材料，但也不能过低，防止因仪器防护、仪器安装装置或重量等因素而影响试验结果。

③ 保证材料性能稳定　不能因温度、湿度的变化而性能发生较大变化。一般模型结构尺寸小，对环境变化很敏感，环境变化对其产生的影响要大于它对原型结构的影响，因此材料性能稳定是很重要的。

④ 保证材料徐变小　一切用化学合成法生产的材料都有徐变。由于徐变是时间、温度和应力的函数，故徐变对试验结果影响很大，而真正的弹性变形不应该包括徐变。

⑤ 保证加工制作方便　选用的模型材料应易于加工和制作，这对缩短模型制

作周期、降低模型试验费用是较为重要的。

(4) 模型相似设计

对于大比例的振动台试验整体模型，可以直接采用与原型结构相同的材料制作模型，其设计方法参照有关设计规范直接采用。然而，对于模型比例较小的情况，由于技术和经济等多方面的原因，一般很难做到模型与实物完全相似，这就要求抓住主要影响因素，简化和减少一些次要的相似要求。比如钢筋（或型钢）混凝结构的整体强度模型还只能做到不完全相似的程度，这是因为，从量纲分析角度来讲，构件截面的应力、混凝土的强度、钢筋的强度应该具有相同的相似系数 S（S 一般只有 $1/3 \sim 1/5$），然而即使是混凝土的强度能够满足这样的相似关系，也很难找到应力和强度分别满足几何相似关系和材料相似关系的材料，这时不同材料模型结构设计均需把握构件层次上的相似原则。

(5) 模型边界条件设计

在建筑结构设计时，通常将结构的 ±0.000（首层地面的装饰面标高，即通俗的完成面标高）或地下室底板作为整个结构的嵌固端。因而，在进行建筑结构的振动台试验边界模拟时，假定模型结构的嵌固端与原型结构的嵌固端一致，从该位置开始设计和制作模型。同时，为保证模型结构与振动台在整个试验过程中的连接，需要在模型结构底部制作一个刚性较大的底座。底座设计时应考虑的因素有以下四点。

① 平面尺寸 底座的平面尺寸宜落在振动台台面平面尺寸范围内，且留有与振动台台面螺栓孔相应的安装孔位置。若跨度较大的模型结构底座需有部分外挑到振动台台面尺寸范围外，则外挑长度不宜太长。

② 验算内容 底座结构验算时，一方面需考虑模型结构在自重、未施加附加质量下起吊时，底座的抗弯、抗剪、抗冲切能力；另一方面需考虑模型结构在振动台试验输入地震波时，底座的锚固能力和整体刚度等。

③ 吊点 底座吊点设计时，宜考虑模型起吊的抗倾覆、强度及刚度要求，并要保证吊点合力中心尽量与模型质量中心一致。

④ 安装孔 底座安装孔设计时，需考虑其可以将模型结构刚性固定在振动台上，且安装孔在经历较大振动时，不发生滑移变形或开裂。底座上的螺栓可以确保模型与振动台之间连接，确保试验过程中的安全性和试验的准确性，其数量视模型规模、底座结构等因素而定，其间距要满足振动台孔距模数。

(6) 模型结构施工

根据前五个步骤对模型进行施工并养护。

2.4.3 制定试验方案

试验方案是整个振动台试验的指南,它通常依据试验目的而定。在制定试验方案时,除了阐明试验目的和初步设计相似关系外,还应包括模型安装位置及方向、传感器类型及布置原则、试验工况设计、地震激励选择及输入顺序等内容。

(1)模型安装位置及方向

首先要明确最终试验时模型结构在振动台上的安装位置及方向,安装原则是尽量使结构质心位于振动台中心,且宜限定在距台面中心一定半径的范围内;尽量使结构的弱轴方向与振动台的强轴重合,以在模型结构最不利的情况下进行试验。这里要特别说明,在试验输入和数据处理时,要注意不能将振动台方向和模型方向混淆。

(2)传感器布置原则

在振动台试验之前,需在模型结构上布置一定数量的传感器,以获取振动台试验反应数据。传感器布置的基本原则有:①按试验目的布置传感器;②按计算假定布置传感器;③按预期试验结果布置传感器。

(3)传感器类型

各种传感器的布置是整个试验方案设计的重点,一方面要力求能反映出试验重点;另一方面也要兼顾后处理数据要有效和方便。振动台试验中常用的传感器有加速度传感器、位移传感器、应变片、速度传感器等。

(4)试验工况设计

振动台试验工况设计包括主要试验阶段工况、地震激励选择、地震激励输入顺序等内容。振动台试验一般根据试验考察目的、国家建筑抗震规范地方规程等的要求,划分为多遇地震、基本烈度地震、罕遇地震等几个主要试验阶段。在制订试验工况时,主要需考虑以下内容。

① 在地震激励各阶段开始和完毕时,可以通过白噪声扫频获得结构自振频率、阻尼比、振型等动力特性。

② 在地震激励各阶段中,可以按规范规程等的要求选择2条天然地震波和1条人工波作为地震激励输入。

③ 对于双向或三向地震激励输入,不同方向间的输入峰值加速度关系宜满足规范要求,设定为1(水平1):0.85(水平2):0.65(竖向)。

④ 在地震激励输入时,同一地震波可以输入两组,第一组X方向为主向(水平1),第二组Y方向为主向(水平2),作用到模型结构上。

（5）地震激励选择及输入顺序

振动台试验是根据相似理论将缩尺模型固定在振动台上，进行一系列地震激励输入。对表现出非线性行为的模型来说，振动台试验过程是一个损伤累积和不可逆的过程。一方面地震波不可能选得很多，如何在选择小样本输入的情况下评估结构的抗震性能成为关键问题；另一方面振动台地震激励输入要遵循激励结构响应由小到大的顺序，如果结构响应大的地震波输入先于结构响应小的地震波，那么结构响应小的地震波输入将无法使模型反应，会给评价结构的抗震性带来误差。

2.4.4 试验准备工作

从上述工作完成到实施振动台试验这一段时间内，还要做一些准备工作，主要包括模型材料性能试验、地脉动动态性能测试、调整相似关系、标定传感器、附加质量分布设计及施工、布置传感器等。这些工作可分为模型上振动台前、模型上振动台后两个阶段。

2.4.4.1 试验模型上振动台前

（1）材料性能试验

材料性能试验可以确定模型结构和原型结构之间可控的相似系数的真实值，并据此对其余的相似系数进行调整，以保证振动台试验的准确性。

（2）第一次地脉动动态性能测试

通过传递函数获得模型结构未施加附加质量时的基频。模型内外模拆除完成后，在模型顶部和底部安置加速度传感器或脉动传感器，并与数据采集系统相连，分别测试结构 X、Y 方向在脉动作用下的反应。

（3）调整相似关系

在获得构件模型材料强度、弹性模量和第一次测得模型动力特性后，调整模型相似关系（第二阶段）。此时，应该预估模型试验可能的相似关系，并挑选 2~3 组合理的相似关系，以备系统标定时采用。

（4）附加质量分布设计

附加质量的分布原则是：沿模型结构竖向，使附加质量后的楼层质量满足原型结构楼层间的质量比例关系；沿模型结构平面方向，使附加质量后的楼层质量分布满足原型结构楼层上的质量分布关系，注意各标准层质量块布置尽量上下对齐，以免引起不必要的偏心影响试验结果，为此，宜预先绘制楼层质量分布图。

（5）标定加速度传感器

在模型未吊装到振动台上之前，还要先对加速度传感器进行标定以排除噪声过大或已损坏的加速度传感器。标定时，先在振动台中央固定足够长的铁条，将加速度传感器与通道导线相连后，以白纸相隔，使其绝缘地吸到铁条上。启动振动台，获取一段数据后，根据信号调整有问题的加速度传感器，反复测试后排除无法使用的加速度传感器，其余的封装保存好以备试验时采用。

2.4.4.2 试验模型上振动台后

（1）模型吊装

参照模型底座上的锚栓分布图，将振动台上相应位置的孔塞拔除按照试验方案确定方向位置，将模型由制作场地吊装到振动台上，定位后对穿螺杆、拧紧螺帽。

（2）附加质量分布施工

布置质量块时，按照附加质量分布图，在每个质量块的位置抹一定量的砂浆，并将质量块嵌放其上。注意：砂浆如果太少，质量块粘接不牢，会增大试验期间的危险性；而在质量块排放较密位置，砂浆如果过多，多余砂浆夹在质量块之间，其硬化后的刚度会增大模型的楼面刚度，影响试验结果的准确性。

（3）第二次地脉动动态性能测试

所有附加质量施工完成后，在模型顶部和底部安装加速度传感器或脉动传感器，进行第二次模型脉动动态性能测试以校核相似关系。此时确定的相似关系，即振动台试验时所应遵循的相似关系。

（4）调整相似关系

根据上述工作，确定最终试验相似关系。

（5）布置传感器

按照试验方案的位置及要求布置传感器。如果模型结构需要布置三种传感器，通常按照应变片—加速度传感器—位移传感器的顺序进行，布置的同时记录通道号，在计算机终端检查各通道是否正常畅通。传感器的通道号按测点汇总后，应在试验前对各通道进行最后一次复查。

（6）其他准备工作

为使试验过程顺利便捷，试验之前还有一些细节性的准备工作，主要包括：①按照试验方案，打印试验中不断更换的工况信息（输入地震波、幅值等），以便摄像留存；②制作振动台试验模型研究标题板，并在上面标明1m作为试验录像和试验相片的参照尺度；③制作并打印多份工况表，以便对试验过程中的问题随时进行记录等。

进行完以上工作后，开始实施振动台试验。

2.4.5 数据处理与分析

结构的动力特性，如自振频率、振型和阻尼系数（或阻尼比）等，是结构本身的固有参数，它们取决于结构的组成形式、刚度、质量分布、材料性质、连接构造等。自振频率及相应的振型虽然可由结构动力学原理计算得到，但由于实际结构的组成、连接和材料性质等因素，经过简化计算得出的理论数值往往会有一定误差。阻尼与结构耗能特性有关，一般只能通过试验来测定。因此，采用试验手段研究结构的动力特性具有重要的实际意义。

用试验法测定结构动力特性，首先应设法使结构振动，然后，记录和分析结构受振后的振动形态，以获得结构动力特性的基本参数。强迫振动的方法主要有振动荷载法、撞击荷载法、地脉动法等。振动台试验通常在施加附加质量前与施加附加质量后分别对模型结构采用地脉动试验的方法，获得模型的动力特性，以在试验前反复校准模型相似关系。在振动台试验中采用白噪声扫频，通过传递函数法或功率谱分析法，获得模型结构的动力特性。

最后根据以上结果进行报告的撰写与备份。

2.5 数值分析法

数值分析可借助有限元软件分析计算，常用的有ABAQUS、ANSYS、ADINA等。
在ABAQUS中进行建模分析可以采取前处理、计算分析、后处理三个步骤来进行。

（1）前处理
包括的步骤有创建部件、定义材料、装配、划分网格，流程图如图2.5所示。

图2.5 ABAQUS建模分析流程图

（2）计算分析
包括设置分析步、明确输出变量、定义边界条件（约束与荷载等）。

（3）后处理

包括输出数据、输出图像、绘图分析等。

以某LNG储罐的实际建模分析为算例说明上述前处理步骤。

创建部件可在ABAQUS CAE中"part"（部件）模块完成，结构的尺寸如表2.2所示，仅供参考。结构的形状可通过拉伸剪切等简单步骤进行建模。

表2.2 结构尺寸

结构	半径/m	高度/m	厚度/mm
内罐	40.00	35.40	15/20/25
外罐	41.40	38.40	800
罐顶	—	11.49	600
底板	—	—	1000

单元类型可参照表2.3定义。

表2.3 单元类型

结构及组成	单元	单元类型
罐壁	S4R（平面应力四边形单元）	壳单元
罐顶、罐底	S3（二维三节点三角形单元）	壳单元
罐内液体	Eulerian（欧拉单元）	实体单元
支柱	B31（平面应力单元）	梁单元

在定义材料步骤中，亦可参照表2.4定义，在"property"（特性）模块完成。其中9%镍钢的切线模量取其屈服强度的10倍。

表2.4 材料特性

材料	位置	密度/(kg/m³)	黏滞系数/(Pa·s)	弹性模量/MPa	泊松比	屈服强度/MPa
LNG	罐内液体	470	1.13×10	260	—	—
钢筋混凝土	外罐罐壁	2500	—	3.86×10	0.167	—
9%镍钢	内罐	7850	—	2.06×10	0.3	215

最后进行各构件的装配及划分网格，划分网格见图2.6。罐顶与罐壁、内罐与底板以及底板与支柱等均采用刚性连接。如此便大致完成了建模数值分析的前处理模块。

另外两种常见建模分析软件ANSYS、ADINA的步骤与ABAQUS类似，在此不再赘述。

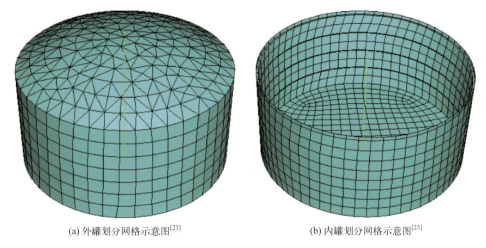

(a) 外罐划分网格示意图[23]　　　　　　(b) 内罐划分网格示意图[23]

图 2.6　有限元网格划分

2.6　简化计算方法

2.6.1　刚性壁简化计算方法

（1）方法概述

① 脉冲压力计算　假设有垂直于水平底板的刚性壁容器，其示意图如图 2.7 所示。考虑侧壁在 x 方向上施加了一个脉冲加速度 $\ddot{x}_0(t)$，在 x、y 和 z 方向产生的流体加速度分别为 $\ddot{u}$、$\ddot{v}$、$\ddot{w}$。对于矩形容器，由对称性可知 $\ddot{w}$ 等于 0；对于圆柱形容器，根据相关的理论研究，$\ddot{w}$ 很小，可认为等于 0 [24]。

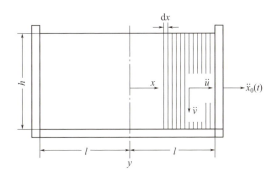

图 2.7　刚性壁容器示意图

在物理学上，上述结果等价于流体被若干垂直的薄膜限制，薄膜之间的间距为 dz，故问题转化为计算薄膜层中的脉冲压力。假设液体为连续、无黏性的不可压缩理想流体。液体应该满足连续性方程：

$$\frac{\partial \dot{u}}{\partial x}+\frac{\partial \dot{v}}{\partial y}=0 \tag{2.20}$$

底板的边界条件：

$$\dot{v}|y=h=0 \tag{2.21}$$

对 y 进行积分再将 $\dot{v}$ 对时间 t 求导，并代入底板的边界条件：

$$\ddot{v}=(h-y)\frac{\partial \ddot{u}}{\partial x} \tag{2.22}$$

由欧拉方程，液体中的压力：

$$\frac{\partial p}{\partial y}=-\rho \ddot{v} \tag{2.23}$$

对薄膜的压应力进行积分可得到薄膜上的总压力：

$$P=\int_0^y p\mathrm{d}y \tag{2.24}$$

上述式(2.20)～式(2.24)可写成：

$$\begin{cases} \ddot{v}=(h-y)\dfrac{\partial \ddot{u}}{\partial x} \\ p=-\rho\int_0^y (h-y)\dfrac{\partial \ddot{u}}{\partial x}\mathrm{d}y=-\rho h^2\left[\dfrac{y}{h}-\dfrac{1}{2}\times\left(\dfrac{y}{h}\right)^2\right]\times\dfrac{\partial \ddot{u}}{\partial x} \\ P=-\rho h^2\int_0^y \left[\dfrac{y}{h}-\dfrac{1}{2}\times\left(\dfrac{y}{h}\right)^2\right]\times\dfrac{\partial \ddot{u}}{\partial x}\mathrm{d}y=\dfrac{-\rho h^2}{3}\times\dfrac{\partial \ddot{u}}{\partial x} \end{cases} \tag{2.25}$$

两片薄膜之间的液体运动方程：

$$\frac{\mathrm{d}P}{\mathrm{d}x}\mathrm{d}x+ph\dot{u}\mathrm{d}x=0 \tag{2.26}$$

将式(2.25)代入式(2.26)：

$$\ddot{u}=C_1\cosh\sqrt{3}\,\frac{x}{h}+C_2\sinh\sqrt{3}\,\frac{x}{h} \quad （C_1、C_2为常数） \tag{2.27}$$

② 对流压力计算　当储液容器侧壁受到加速度作用时，液体自身发生晃动，并由此在储罐的底部和侧壁产生动液压力。只考虑液体晃动的一阶振型，液体晃动对流如图2.8所示。在连续、无黏性的不可压缩理想流体条件下，流体关于一阶振型满足以下方程：

$$\begin{cases} \dfrac{\partial(\dot{u}b)}{\partial x}=-b\dfrac{\partial \dot{v}}{\partial y} \\ \ddot{v}=x\dot{\theta} \\ \dfrac{\partial \dot{w}}{\partial z}+\dfrac{\partial \dot{u}}{\partial x}+\dfrac{\partial \dot{v}}{\partial y}=0 \end{cases} \tag{2.28}$$

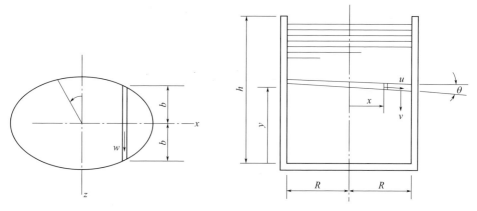

图2.8 刚性壁对流模态一阶振型

由哈密顿原理和分部积分法可知：

$$\begin{cases} \dfrac{\partial^2 \dot{\theta}}{\partial y^2} - \dfrac{I_Z}{K}\dot{\theta}=0 \\ \dfrac{\partial^2}{\partial t^2}\left(\dfrac{\partial \theta}{\partial y}\right)_h + g\dfrac{I_Z}{K}\theta_0 = 0 \end{cases} \quad (2.29)$$

式中，I_Z 是距顶部 Z 处容器横截面的惯性矩。

边界条件：

$$\begin{aligned} &y=h \text{时}, \quad \theta_h = \dot{\theta}_h = 0 \\ &y=0 \text{时}, \quad \theta = \theta_0 、\dot{\theta} = \dot{\theta}_0 \end{aligned} \quad (2.30)$$

将式 (2.29) 代入式 (2.30)，并在初始条件转动角度 θ 为 0 下积分得到：

$$\begin{cases} \theta = \theta_0 \dfrac{\sinh\left(\sqrt{\dfrac{I_Z}{K}}(h-y)\right)}{\sinh\left(\sqrt{\dfrac{I_Z}{K}}h\right)} \sin\omega t \\ \omega^2 = g\sqrt{\dfrac{I_Z}{K}} \tanh\left(\sqrt{\dfrac{I_Z}{K}}h\right) \end{cases} \quad (2.31)$$

其中

$$\begin{cases} b' = \dfrac{ab}{dz} \\ I_Z = \int_{-R}^{R} \int_{-b}^{b} dxdz \\ K = 2\int_{-R}^{R} \dfrac{1}{b} \times \left(\int_{-b}^{b} dxdz\right)^2 \times \left(1+\dfrac{b'}{3}\right) dx \end{cases} \quad (2.32)$$

（2）矩形容器动液压力计算

代入边界条件各个初始条件作用在侧壁的总脉动压力为

$$P_{wi}=2\rho \ddot{x}_0 \frac{h^2}{\sqrt{3}} \tanh\left(\frac{\sqrt{3}a}{2h}\right) \tag{2.33}$$

作用点距底板的距离为

$$z_i = \frac{3}{8}h \tag{2.34}$$

流体在容器壁上的作用，与等效质量固定在 z 处产生的作用等效，等效质量值为

$$m_{wi}^{eq}=m_1 \frac{\tanh \frac{\sqrt{3}a}{2h}}{\frac{\sqrt{3}a}{2h}} \tag{2.35}$$

式中，m_1 为储液总质量。

代入边界条件各个初始条件作用在侧壁的总对流压力为

$$P_{wc}=\rho \omega^2 \theta_0 \sin\omega t \tag{2.36}$$

等效质量值为

$$m_{wc}^{eq}=m_1\left(\frac{\sqrt{10}a}{12h}\tanh\frac{\sqrt{10}h}{a}\right) \tag{2.37}$$

作用点距板底的距离为

$$z_c = h\left(1 - \frac{\cosh\frac{\sqrt{10}h}{a} - 1}{\frac{\sqrt{10}h}{a}\sinh\frac{\sqrt{10}h}{a}}\right) \tag{2.38}$$

（3）圆柱形容器动液压力计算

同理，可采用脉冲法与对流法对动液压力进行等效计算，两种方法均将动液压力等效为一等效质量和储罐容器一起运动产生的惯性力；其中脉冲法与对流法中的等效质量分别为 m_{wi}^{eq}、m_{wc}^{eq}。

$$\begin{cases} m_{wi}^{eq}=ml \dfrac{\tan\dfrac{\sqrt{3}R}{h}}{\dfrac{\sqrt{3}R}{h}} \\ m_{wc}^{eq}=ml \dfrac{1}{4}\left(\dfrac{11}{12}\right)^2 \sqrt{\dfrac{27}{8}} \dfrac{R}{h}\tanh\sqrt{\dfrac{27}{8}}\dfrac{h}{R} \end{cases} \tag{2.39}$$

若仅考虑对容器侧壁的影响，则脉冲法与对流法可分别取等效惯性力的作用点高度为 z_i、z_c；若需考虑对容器底板的影响，则脉冲法与对流法等效惯性力的作用点高度应修正为 z_i'、z_c'。

$$\begin{cases} z_i = \dfrac{3}{8}h \\ z'_i = \dfrac{3}{8}h\left[1+\dfrac{4}{3}\left(\dfrac{\dfrac{\sqrt{3}R}{h}}{\tanh\dfrac{\sqrt{3}R}{h}}-1\right)\right] \end{cases}$$

$$\begin{cases} z_c = h\left[1-\dfrac{\cosh\left(\sqrt{\dfrac{27}{8}}\dfrac{h}{R}\right)-1}{\sqrt{\dfrac{27}{8}}\dfrac{h}{R}\sinh\left(\sqrt{\dfrac{27}{8}}\dfrac{h}{R}\right)}\right] \\ z'_c = h\left[1-\dfrac{\cosh\left(\sqrt{\dfrac{27}{8}}\dfrac{h}{R}\right)-2.01}{\sqrt{\dfrac{27}{8}}\dfrac{h}{R}\sinh\left(\sqrt{\dfrac{27}{8}}\dfrac{h}{R}\right)}\right] \end{cases} \quad (2.40)$$

2.6.2 柔性壁简化模型——Veletsos简化方法

（1）基本方程的建立

假定容器的罐壁的水平加速度满足

$$\ddot{x}_0(z,t)=\psi(z)\ddot{x}_0(t) \quad (2.41)$$

式中，$\psi(z)$为罐壁变形的形函数，用于定义罐壁的变形方式，在罐壁顶部$z=0$处，$\psi(z)=1$；$\ddot{x}_0(t)$为罐壁顶部的加速度。

假定罐内储液为不可压缩理想流体，根据相关的研究成果表明容器壁上任意一点(z,θ)处的动液压力如下

$$p(a,\theta,z,t)=p(z,t)\sin\theta \quad (2.42)$$

容器的单位高度的动液压力为

$$S^0(z,t)=\int_0^{2\pi}p(z,t)a\sin^2\theta\,\mathrm{d}\theta=\pi a p(z,t) \quad (2.43)$$

设$x_0(t)$是任意时刻的地面位移，而$w(t)$是容器顶部横断面相对于地面的位移。于是，容器距底板$(z+h)$处的绝对加速度可以表示为

$$\ddot{x}_0(z,t)=\ddot{x}_0(t)+\ddot{w}_0(z,t) \quad (2.44)$$

其中

$$w(z,t)=\psi(z)\psi(t) \quad (2.45)$$

作用于容器上的外力有：①由于罐壁高度方向均匀分布的加速度而产生的惯

性力 $[-m(z)\ddot{x}_0(t)]$ 和动液压力 $[S_u^0(z,t)]$；②由于罐壁高度方向非均匀分布的加速度而产生的惯性力 $[-m(z)\psi(z)\ddot{w}(t)]$ 和动液压力 $[S_w^0(z,t)]$。

在外力作用下，容器罐壁产生的内力有：①弹性力，假设容器作弯曲变形，其弹性恢复力矩为 $EI(z)w(t)\dfrac{\mathrm{d}^2\psi(z)}{\mathrm{d}z^2}$；②阻尼力 $c\psi(z)\dot{w}(t)$。

根据虚位移原理，容器的动力方程如下

$$(m_{w,s}^* + m_{w,l}^*)\ddot{w}(t) + c^*\dot{w}(t) + k^* w(t) = -(m_{u,s}^* + m_{u,l}^*)\ddot{x}_0(t) \tag{2.46}$$

式中

$$\begin{cases} m_{w,s}^* = \int_{-h}^{0} m(z)\psi^2(z)\mathrm{d}z \\ m_{w,l}^* = \int_{-h}^{0} S_w(z)\psi^2(z)\mathrm{d}z \\ m_{u,s}^* = \int_{-h}^{0} m(z)\psi^2(z)\mathrm{d}z \\ m_{u,l}^* = \int_{-h}^{0} S_u(z)\psi^2(z)\mathrm{d}z \end{cases} \tag{2.47}$$

$$\begin{cases} c^* = \int_{-h}^{0} c\psi^2(z)\mathrm{d}z \\ k^* = \int_{-h}^{0} EI(z)\left[\dfrac{\mathrm{d}^2\psi(z)}{\mathrm{d}z^2}\right]\psi^2(z)\mathrm{d}z \end{cases} \tag{2.48}$$

式中，$m(z)$ 是容器单位高度的质量；E 是容器材料的弹性模量；$I(z)$ 是距顶部 z 处容器横截面的惯性矩，是容器材料的阻尼系数。

令

$$M_u^* = m_{u,s}^* + m_{u,l}^*,\ M_w^* = m_{w,s}^* + m_{w,l}^* \tag{2.49}$$

根据不同的形函数，M_u^*、M_w^* 通过表2.5确定，其中 M_s 是容器的总质量，M_l 为容器中液体的总质量。

表2.5 等效质量表

形函数	M_w^* 的质量		M_u^* 的质量	
	$m_{w,s}^*$	$m_{w,l}^*$	$m_{u,s}^*$	$m_{u,l}^*$
$\sin\dfrac{\pi(z+h)}{2h}$	$0.5M_s$	$0.178\dfrac{h}{a}M_l$	$\dfrac{2}{7}M_s$	$0.293\dfrac{h}{a}M_l$
$\dfrac{\pi(z+h)}{2h}$	$0.33M_s$	$0.178\dfrac{h}{a}M_l$	$0.5M_s$	$0.217\dfrac{h}{a}M_l$
$1-\cos\dfrac{\pi(z+h)}{2h}$	$0.23M_s$	$0.050\dfrac{h}{a}M_l$	$0.36M_s$	$0.137\dfrac{h}{a}M_l$

将动力方程进行变换，有

$$\ddot{w}(t)+2\xi\omega\dot{w}(t)+\omega^2 w(t)=-C\ddot{x}_0(t) \tag{2.50}$$

式中

$$C=\frac{M_u^*}{M_w^*} \tag{2.51}$$

称其为质量参与系数，

$$\xi=\frac{c^*}{2M_w^*\omega}, \omega=\sqrt{\frac{k^*}{M_w^*}} \tag{2.52}$$

ξ 和 ω 分别为系统的阻尼比和固有频率，方程(2.50)为系统的动力方程。

（2）地震力的确定

地面运动在 $\ddot{x}_0(t)$ 的作用下，具有阻尼比 ξ 和固有频率 ω 的单自由度质点的运动微分方程为

$$\ddot{q}(t)+2\xi\omega\dot{q}(t)+\omega^2 q(t)=-\ddot{x}_0(t) \tag{2.53}$$

$$\omega(t)=Cq(t) \tag{2.54}$$

假设单自由度体系的质点对 $\ddot{x}_0(t)$ 加速度反应谱值为 A。相应的容器储液系统的相对位移、速度、加速度的最大反应值为

$$\begin{cases} W_{\max}=\dfrac{CA}{\omega^2} \\ \dot{W}_{\max}=\omega W_{\max}=\dfrac{CA}{\omega} \\ \ddot{W}_{\max}=\omega^2 W_{\max}=CA \end{cases} \tag{2.55}$$

容器距顶部 z 处的断面的最大相对位移值和加速度值为

$$\left|W(z,t)\right|_{\max}=\psi(z)W_{\max}=\psi(z)\frac{CA}{\omega^2}$$

$$\left|\ddot{W}(z,t)\right|_{\max}=\psi(z)\ddot{W}_{\max}=\psi(z)CA \tag{2.56}$$

现在来确定作用于容器上的地震力（等效静力）。根据容器储液系统固有频率的不同，作用于容器上的地震力可以按照下列两种方法其中一种进行计算或将两种方法组合进行计算。

方法1：地震力为结构变形所产生的最大惯性力和最大动液压力之和即

$$Q_1(z)=Q_s(z)+Q_1(z) \tag{2.57}$$

其中

$$\begin{cases} Q_s(z)=m(z)\psi(z)CA \\ Q_l(z)=4\gamma ah\dfrac{CA}{g}\sum_{n=1}^{\infty}d_n\cos\left[\dfrac{(2n-1)\pi(z+h)}{2h}\right] \end{cases} \quad (2.58)$$

$$d_n=\dfrac{1}{(2n-1)h}\int_{-h}^{0}\psi(z)\cos\left[(2n-1)\dfrac{\pi(z+h)}{2h}\right]dz \quad (2.59)$$

方法2：地震力等于容器作刚体运动时所产生的惯性力及动液压力与容器变形振动时所产生的惯性力及动液压力最大值的和。

$$Q_2(z)=Q^s(z)+Q^l(z) \quad (2.60)$$

$$\begin{cases} Q^s(z)=Q_{s,1}(z)+Q_{l,1}(z) \\ Q^l(z)=Q_{s,2}(z)+Q_{l,2}(z) \end{cases}$$

$$\begin{cases} Q_{s,1}(z)=m(z)\left|\ddot{x}_0(t)\right|_{\max} \\ Q_{l,1}(z)=8\gamma ah\dfrac{\left|\ddot{x}_0(t)\right|_{\max}}{\pi g}\sum_{n=1}^{\infty}\dfrac{(-1)^{n-1}}{(2n-1)^2}\cos\dfrac{(2n-1)(z+h)}{2h} \end{cases} \quad (2.61)$$

$$\begin{cases} Q_{s,2}(z)=m(z)\psi(z)C[A-\left|\ddot{x}_0(t)\right|_{\max}] \\ Q_{l,2}(z)=4\gamma ah\dfrac{C[A-\left|\ddot{x}_0(t)\right|_{\max}]}{g}\sum_{n=1}^{\infty}d_n\cos\dfrac{(2n-1)(z+h)}{2h} \end{cases}$$

d_n 由式(2.59)确定。

（3）最大基底剪力和倾覆力矩的确定

对上述两方法公式进行积分得到最大基底剪力和倾覆力矩。

方法1最大基底剪力为

$$S_1=m_{u,s}^{*}CA+S_{1,l} \quad (2.62)$$

倾覆力矩为

$$M_1=CA\int_{-h}^{0}m(z)\psi(z+h)dz+M_{1,j}+M_b \quad (2.63)$$

$S_{1,l}$ 和 $M_{1,l}$ 由式(2.47)确定

$$S_{1,l}=\int_{-h}^{0}Q_{l,l}(z)dz, \quad M_{1,l}=\int_{-h}^{0}Q_{l,l}(z)(z+h)dz \quad (2.64)$$

作用在容器底板上的动液压力所产生的倾覆力矩为

$$M_b=0.884P_0a^3 \quad (2.65)$$

容器底板和侧壁交界处的最大动液压力为

$$P_0 = \frac{4}{\pi}\gamma h \frac{\ddot{x}(t)}{g}\sum_{n=1}^{\infty} d_n \cos[\frac{(2n-1)\pi(z+h)}{2h}] \tag{2.66}$$

本节考虑到的四种形函数算得的值列于表 2.6 中。

表 2.6 容器底板和侧壁交界处的最大动液压力

形函数	1	$\sin\frac{\pi(z+h)}{2h}$	$\frac{\pi(z+h)}{2h}$	$1-\cos\frac{\pi(z+h)}{2h}$
P_0	0.743	0.282	0.2	0.103

方法 2 的最大基底剪力和倾覆力矩为

$$\begin{cases} S_2 = S_{2,\text{sl}} + S_{2,\text{dc}} \\ M_2 = M_{2,\text{sl}} + M_{2,\text{dc}} \end{cases} \tag{2.67}$$

其中 $S_{2,\text{sl}}$ 和 $M_{2,\text{sl}}$ 分别是最大基底剪力和倾覆力矩的刚体分量。其值由式（2.68）确定

$$\begin{cases} S_{2,\text{sl}} = M_s|\ddot{x}_0(t)|_{\max} + 0.542\frac{h}{a}M_l|\ddot{x}_0(t)|_{\max} \\ M_{2,\text{sl}} = |\ddot{x}_0(t)|_{\max}\int_{-h}^{0} m(z)\psi(z+h)\mathrm{d}z + 0.217\frac{h}{a}M_l|\ddot{x}_0(t)|_{\max} \end{cases} \tag{2.68}$$

$S_{2,\text{dc}}$ 和 $M_{2,\text{dc}}$ 分别是容器的变形产生的最大基底剪力和倾覆力矩的弹性分量。其值由下式确定

$$\begin{cases} S_{2,\text{dc}} = m_{u,s}^* + C(A - |\ddot{x}(t)|_{\max} + S_{2,l} \\ M_{2,\text{dc}} = C(A - |\ddot{x}_0(t)|_{\max})\int_{-h}^{0} m(z)\psi(z)(z+h)\mathrm{d}z + M_{2,l} + M_b \end{cases} \tag{2.69}$$

其中

$$\begin{cases} S_{2,l} = \int_{-h}^{0} Q_{1,2}(z)\mathrm{d}z \\ M_{2,l} = \int_{-h}^{0} Q_{1,2}(z)(z+h)\mathrm{d}z \end{cases} \tag{2.70}$$

表 2.7 给出了四种形函数，计算出了 $S_{1,1}$，$M_{1,1}$，M_b 的值。计算 $S_{2,l}$，$M_{2,l}$ 时用 $(A-|\ddot{x}_0(t)|_{\max})$ 代替 $|\ddot{x}_0(t)|_{\max}$，W_1 表示的是容器中液体的总质量。

表 2.7 最大基底剪力和倾覆力矩

$\psi(z)$	$S_{1,1}$	$M_{1,1}$	M_b
1	$0.542\frac{h}{a}W_1\frac{|\ddot{x}_0(t)|_{\max}}{g}$	$0.217\frac{h^2}{a}W_1\frac{|\ddot{x}_0(t)|_{\max}}{g}$	$0.269aW_1\frac{|\ddot{x}_0(t)|_{\max}}{g}$

续表

$\psi(z)$	$S_{1,I}$	$M_{1,I}$	M_b
$\sin\dfrac{\pi(z+h)}{2h}$	$0.294\dfrac{h}{a}W_1\dfrac{\|\ddot{x}_0(t)\|_{\max}}{g}$	$0.315\dfrac{h^2}{a}W_1\dfrac{\|\ddot{x}_0(t)\|_{\max}}{g}$	$0.079aW_1\dfrac{\|\ddot{x}_0(t)\|_{\max}}{g}$
$\dfrac{\pi(z+h)}{2h}$	$0.218\dfrac{h}{a}W_1\dfrac{\|\ddot{x}_0(t)\|_{\max}}{g}$	$0.103\dfrac{h^2}{a}W_1\dfrac{\|\ddot{x}_0(t)\|_{\max}}{g}$	$0.036aW_1\dfrac{\|\ddot{x}_0(t)\|_{\max}}{g}$
$1-\cos\dfrac{\pi(z+h)}{2h}$	$0.137\dfrac{h}{a}W_1\dfrac{\|\ddot{x}_0(t)\|_{\max}}{g}$	$0.07\dfrac{h^2}{a}W_1\dfrac{\|\ddot{x}_0(t)\|_{\max}}{g}$	$0.03aW_1\dfrac{\|\ddot{x}_0(t)\|_{\max}}{g}$

2.6.3 考虑穹顶作用的储罐简化模型

在以往的研究中,对于大型储罐的简化模型,多不考虑穹顶对结构体系动力响应的影响。因此,给出考虑穹顶作用的简化模型[24]。储罐的竖直方向的振动假设为悬臂梁弯曲振动,忽略储罐的环向振动。为考虑穹顶对储罐动力响应的影响,将穹顶简化为一刚体,刚体质量为 m_1、转动惯量为 J_1。罐体的简化模型如图2.9所示。其中,简化模型中 $\bar{m}$ 为罐壁单位高度的质量,EI 为简化模型的抗弯刚度,$p(y, t)$ 为作用在侧壁单位高度上的动水压力,H 为外罐的高度。圆柱形容器在充满水的条件下,受到地震作用时,储罐中的储液会产生巨大的动水压力,在已有的研究

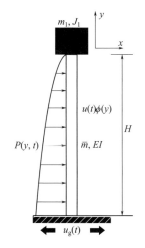

图2.9 考虑穹顶作用的储罐简化模型

中,动水压力可分为脉动水压力和晃动水压力。其中脉动水压力由储液的加速度产生,晃动水压力是由液水压力面上下振荡产生。晃动水压力的自振周期远长于脉动压力,并且储液的晃动水压力的占比远小于脉动水压力。因此相关学者认为脉动水压力和晃动水压力不存在强耦合性,或者直接忽略晃动水压力的影响。故本研究中只考虑脉动水压力对耦合系统的影响,单位高度上动水压力大小为

$$P(y,t)=R\cos\theta\int_{-h}^{0}p(y,t)\cos\theta\mathrm{d}\theta=\pi R p(y,t) \tag{2.71}$$

式中,$p(y, t)$ 为脉动水压力。

本研究只考虑地震作用下罐内液体产生的脉动水压力,脉动水压力和罐壁加速度之间的关系通过式(2.72)求解

$$p(y,t) = \frac{4\ddot{u}_t(y,t)\gamma H}{\pi g} \sum_{n=1}^{\infty} d_n \cos\left[(2n-1)\frac{\pi y}{2H}\right] \quad (2.72)$$

式中，γ 为罐内液体的质量；g 为重力加速度；$\ddot{u}_t(y,t)$ 为罐壁的加速度时程；d_n 为一常数，可通过式（2.73）进行求解

$$d_n = \frac{1}{H(2n-1)} \int_0^H \phi(y) \cos\left[(2n-1)\frac{\pi y}{2H}\right] dy \quad (2.73)$$

式中，$\phi(y)$ 为罐体沿高度方向振动的形函数，且 $\phi(y)_{max} = 1 (y \in [0,H])$。

对于离散坐标体系，采用有限数目的坐标可以精确地求解出体系的真实动力行为。对于无限自由度的分布体系，为得到真实的动力行为，原则上需要无穷个坐标才能精确求解，但对工程而言，选取一定数量的坐标的计算结果精度就能满足工程要求。为提高计算的精度和收敛性，往往需要使用满足边界条件的形函数进行计算。力学简化模型的微元体动力方程如下

$$P(y,t) - \frac{\partial V(y,t)}{\partial y} - f_1(y,t) = 0 \quad (2.74)$$

式中：$P(y,t)$ 为作用在侧壁上的动水压力；$V(y,t)$ 为截面上的剪力，$f_1(y,t)$ 为微元体受到的惯性力。

截面剪力和惯性力通过式(2.75)进行计算，$u_t(y,t)$ 为储罐高度方向的加速度，$u_f(y,t)$ 为罐体变形产生的加速度，$u_g(y,t)$ 为地面加速度。

$$\begin{aligned}
&\frac{\partial M(y,t)}{\partial y} = V(y,t) \\
&f_1(y,t) = \bar{m}\frac{\partial^2 u_t(y,t)}{\partial t^2} \\
&M(y,t) = EI\frac{\partial^2 u_f(y,t)}{\partial^2} \\
&\frac{\partial^2 u_t(y,t)}{\partial t^2} = \frac{\partial^2 u_f(y,t) + \partial^2 u_g(y,t)}{\partial t^2}
\end{aligned} \quad (2.75)$$

式中，$M(y,t)$ 为截面上的弯矩；$V(y,t)$ 为截面上的剪力；$\bar{m}$ 为单位长度梁的质量；EI 为梁的截面抗弯刚度。

将式（2.75）代入式（2.74），动力方程简化为

$$EI\frac{\partial^4 u_f(y,t)}{\partial y^4} + \bar{m}\frac{\partial^2 u_f(y,t)}{\partial t^2} + \partial u_g^2(y,t) = P(y,t) \quad (2.76)$$

对于自由振动，式(2.76)右侧为0。自由振动动力方程为线性偏微分方程，可

使用分离变量法进行求解，方程转化为

$$\phi^4(y)-a^4\phi(y)=0$$
$$u^2(t)-\omega^2 u(t)=0 \quad (2.77)$$
$$\omega^2=\frac{a^4 EI}{\bar{m}}$$

式中，$u(t)$ 为罐体在储液表面处的振动函数；$\phi(y)$ 为罐体沿高度方向振动的形函数，且 $\phi(y)_{\max}=1(y\in[0,H])$。

对于简化模型，模型的边界条件为

$$\phi(0)=0,\phi'(0)=0$$

将边界条件代入，得到式(2.78)。

$$EI\phi''(H)=-\omega^2\phi'(H)J_1$$
$$EI\phi'''(H)=-\omega^2\phi(H)m_1 \quad (2.78)$$

显而易见，式(2.78)的方程数小于变量数，方程无唯一解。故需要非平凡解，即方程组对应的行列式为零才有非零解。

$$\begin{cases} [A_1\cos(a\times 0)+A_2\sin(a\times 0)+A_3\cosh(a\times 0)+A_4\sinh(a\times 0)]=0 \\ a[-A_1\sin(a\times 0)+A_2\cos(a\times 0)+A_3\sinh(a\times 0)+A_4\cosh(a\times 0)]=0 \\ a^2[-A_1\cos(a\times H)-A_2\sin(a\times H)+A_3\cosh(a\times H)+A_4\sinh(a\times H)]+\omega^2\phi'(H)J_1=0 \\ a^3[A_1\sin(a\times H)-A_2\cos(a\times H)+A_3\sinh(a\times H)+A_4\cosh(a\times H)]+\omega^2\phi(H)m_1=0 \end{cases} \quad (2.79)$$

为简化计算可采用集中质量法、有限单元法和广义坐标法，本研究使用广义坐标法进行计算。使用虚位移原理在给定振型条件下推导动力平衡方程，动水压力和惯性力（外力）在任意虚位移所做的虚功为

$$\delta W_2=\delta u(t)\int_0^H\left[P(y,t)\phi(y)-\bar{m}\ddot{u}_t(y,t)\phi(y)\right]dy \\ -m_1\ddot{u}_t(H,t)\phi(H)-J_1\ddot{u}(H,t)\ddot{\phi}^2(H) \quad (2.80)$$

弹性力（内力）在任意虚位移所做的虚功为

$$\delta W_1=-\delta u(t)\int_0^H u(t)EI\ddot{\phi}^2(y)dy \quad (2.81)$$

由虚功原理可知，体系在动平衡下外力虚功和内力虚功之和为零，故动力方程为

$$\delta u(t)\int_0^H[P(y,t)\phi(y)-\bar{m}\ddot{u}_t(y,t)\phi(y)-u(t)EI\ddot{\phi}^2(y)]dy \\ -\bar{m}_1\ddot{u}_t(H,t)\phi(H)-J_1\ddot{u}_f(H,t)\ddot{\phi}(H)=0 \quad (2.82)$$

假设储罐高度方向的加速度分布如下

$$\ddot{u}_t(y,t)=\ddot{u}_g(y,t)+\ddot{u}_f(y,t)=\ddot{u}_g(y,t)+\phi(y)u(t) \tag{2.83}$$

式中，$\ddot{u}_g(y,t)$ 为地面加速度；$\ddot{u}_f(y,t)$ 为罐体变形产生的加速度；$u(t)$ 为罐体在储液表面处的振动函数。

对动力方程进行整理，动力方程转化为

$$[m_f^s+m_f^l]\ddot{u}+k^*u=-[m_r^s+m_r^l]\ddot{u}_g \tag{2.84}$$

式(2.84)中各参数按式(2.85)进行计算

$$\begin{aligned}
m_f^s &= \int_0^L \bar{m}\phi^2(y)\mathrm{d}y+m_1\phi^2(H)+J_1\ddot{\phi}^2(H) \\
m_f^l &= \int_0^L S_f(y)\phi(y)\mathrm{d}y \\
m_r^s &= \int_0^L \bar{m}\phi(y)\mathrm{d}y+m_1\phi(H) \\
m_r^l &= \int_0^L S_r(y)\phi(y)\mathrm{d}y \\
k^* &= \int_0^L \mathrm{EI}\ddot{\phi}^2(y)\mathrm{d}y \\
S_f(y) &= \frac{4\gamma HR}{g}\sum_{n=1}^\infty d_n\cos\frac{(2n-1)\pi y}{2H} \\
S_r(y) &= \frac{8\gamma HR}{\pi g}\sum_{n=1}^\infty \frac{(-1)^{n-1}}{(2n-1)^2}\cos\frac{(2n-1)\pi y}{2H}
\end{aligned} \tag{2.85}$$

显而易见，式(2.84)的表达形式为不考虑阻尼作用的单自由度动力方程。在式(2.84)中考虑阻尼的作用，并对将方程进行处理可得到

$$\ddot{u}+2\xi\omega\dot{u}+\omega^2 u=-q\ddot{u}_g \tag{2.86}$$

式中，ξ 为阻尼比，对于不同的材料阻尼比为常数；$\omega=\sqrt{k^*/m_f^s+m_f^l}$ 为考虑流固耦合相互作用的结构自振频率；$q=(m_r^s+m_r^l)/(m_f^s+m_f^l)$ 为常数。

2.6.4　土-结构相互作用的储罐简化模型

土-结构相互作用的储罐简化模型必须考虑相互作用的两个方面：①罐与所装液体之间的相互作用；②上部结构与支撑介质之间的相互作用。这两种效应是通过子结构方法依次评估的。首先，评估上部结构对规定的基础运动的横向和摇摆

分量的响应。其次，通过对基础-土壤系统的分析，建立了罐底实际承受的运动与自由场地震动的相互关系。最后，通过适当组合各分量的解，得到耦合系统的响应。利用傅里叶变换技术在频域完成了分析。

每个响应量都是通过脉冲分量和对流分量的叠加来进行评价的。在数学上，解的脉冲分量满足槽的侧边界和底部边界的实际边界条件，以及初始最高液面处静水压力为零的条件。因此，它没有考虑与液体晃动作用有关的表面波的影响。该解的对流分量有效地修正了初始最高液面处的实际边界条件与求解脉冲解时所考虑的边界条件之间的差异[25]。

（1）考虑脉冲效应的简化模型

为了建立罐底位移$x(t)$、$\phi(t)$与罐底和基础界面受力$Q_i(t)$、$M_i(t)$之间的相互关系，罐液系统可以用图2.10(a)所示的模型表示。该模型中的质量m_i通过高度为h_i'的柔性悬臂支撑在刚性水平构件上，该构件没有质量，但具有质量转动惯量I_b，其质心轴垂直于纸张平面。考虑悬臂梁的性质，使模型的固定基础的固有频率和阻尼系数等于f_i和ζ_i。

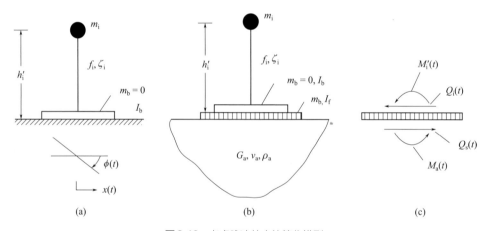

图2.10　考虑脉冲效应的简化模型

弹性支撑体系用图2.10(b)所示的广义模型来表示，其中最下方的水平构件代表刚性圆形基础，弹性半空间代表支撑介质。基础质量记为m_f，其绕水平质心轴的质量转动惯量记为I_f。

假定基础运动$x(t)$和$\phi(t)$是已知的。这些运动与自由场地面运动的相互关系可以通过对基础周围分割隔离体来建立力的平衡表达式，如图2.10(c)所示。

$$\begin{cases} m_f x(t)+Q_i(t)+Q_s(t)=0 \\ I_f \phi(t)+M_i'(t)+M_s(t)=0 \end{cases} \quad (2.87)$$

式中，$Q_s(t)$ 表示基础 - 土体界面处的剪力，可由基础与自由场地基的相对位移动表示；$x(t)-x_g(t)$、$M_s(t)$ 是基底的弯矩，可以由基础转动 $\phi(t)$ 表示。

最后得到基础运动的 X 和 ψ 的矩阵为[26]

$$\begin{bmatrix} K_x - m_i^* \Omega^2 & -m_i h_i' T_i \Omega^2 \\ -m_i h_i' T_i \Omega^2 & K_\psi - I_i^* \Omega^2 \end{bmatrix} \begin{bmatrix} X \\ \psi \end{bmatrix} = \begin{bmatrix} K_x \\ 0 \end{bmatrix} X_g \tag{2.88}$$

式中，$m_i^* = m_i + m_f T_i$ 是等效质量；$I_i^* = I_b + I_f + m_i (h_i')^2 T_i$ 是等效惯性矩；T_i 是上部结构的传递函数；Ω 是结构的自振圆频率；K_x 是平移阻抗函数；K_ψ 是摇摆阻抗函数；h_i' 是质量集中高度的和，X、ψ、X_g 分别是位移、转动、激励位移幅值。

（2）考虑脉冲和对流作用之间耦合的简化模型

假定储罐壁为刚性，对流效应进行简化时。罐液系统可以用图2.11所示的多棒模型来表示，其中最左边的棒与前面考虑的相同，模拟了罐液系统的脉冲作用，其余的模型则模拟了所含液体的对流作用。理论上有无穷多个对流元素，但在实践中只需要考虑其中的第一个或前两个。所有元素都通过弹性半空间表面的共同刚性垫基础来支撑。该模型中的质量 m_{cj} 表示与第 j 种晃动振动模式相关的液体质量，h_{ij} 表示该质量所在的高度。

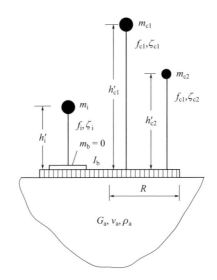

图2.11 脉冲效应和对流效应组合的简化模型

最后得到基础运动的和的矩阵为

$$\begin{bmatrix} K_x - m_i^* \Omega^2 & -m_i h_i' T_i \Omega^2 - \sum_{j=1}^{\infty} m_{cj} (h_{cj}')^2 T_{cj} \\ -m_i h_i' T_i \Omega^2 - \sum_{j=1}^{\infty} m_{cj} (h_{cj}')^2 T_{cj} & K_\psi - I_i^* \Omega^2 \end{bmatrix} \begin{bmatrix} X \\ \psi \end{bmatrix} = \begin{bmatrix} K_x \\ 0 \end{bmatrix} X_g \tag{2.89}$$

式中，$m_i^* = m_i + m_t T_i + \sum_{j=1}^{\infty} m_{cj} m_{cj} T_{cj}$ 是等效质量；$I_i^* = I_b + I_f + m_i (h_i')^2 T_i + \sum_{j=1}^{\infty} m_{cj} (h_{cj}')^2 T_{cj}$ 是等效惯性矩；T_{cj} 是上部结构的传递函数；Ω 是结构的自振圆频率；h_{cj}' 是质量集中高度的和。

（3）土体简化模型

土壤简化为一个三自由度系统，包括摆动自由度 x_h，摇摆自由度 x_α 和附加自由度 x_ϕ。土-结构模型如图2.12所示。

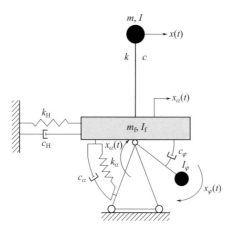

图2.12　土-结构模型

m、I、k、c 分别表示上部结构的质量、质量转动惯量、刚度和阻尼系数。m_f、I_f 是质量、基础的质量转动惯量。基础半径为 r，埋设深度为 e。摆动刚度和阻尼系数为式（2.90）和式（2.91）。

$$k_H = \frac{8\rho v_g \gamma}{2-v}\left(1+\frac{e}{r}\right) \tag{2.90}$$

$$c_H = \frac{r}{v_s}\left(0.68 + 0.57\sqrt{\frac{e}{r}}\right)k_H \tag{2.91}$$

摇摆刚度和阻尼系数见式（2.92）和式（2.93）。

$$k_\alpha = \frac{8\rho v_d^2 r^3}{3(1-v)}\left[1 + 2.3\frac{e}{r} + 0.58\left(\frac{e}{r}\right)^3\right] \tag{2.92}$$

$$c_\alpha = \frac{r}{v_s}\left[\begin{array}{l}0.15631\frac{e}{r} - 0.08906\left(\frac{e}{r}\right)^2 \\ -0.00874\left(\frac{e}{r}\right)^3\end{array}\right]k_H \tag{2.93}$$

式中，ρ 为土壤密度；v 为土壤泊松比；v_s 为基础土等效剪切波速；附加自由度由质量惯性矩和阻尼系统组成，参见式（2.94）和式（2.95）。

$$c_\varphi = \frac{r}{v_2}\left[0.4+0.03\left(\frac{e}{r}\right)^2\right]k_\kappa \qquad (2.94)$$

$$I_\varphi = \left(\frac{r}{v_2}\right)^2\left[0.33+0.1\left(\frac{e}{r}\right)^2\right]k_\kappa \qquad (2.95)$$

2.7 本章小结

本章首先总结了大型LNG储罐的有关地震灾害，说明了对LNG储罐采取抗震及减隔震措施的必要性。然后介绍了LNG储罐结构抗震及减隔震理论，并对其有关控制方程进行了推导。最后介绍了LNG储罐结构的研究方法及力学模型，让读者对大型LNG储罐结构抗震及减隔震理论和研究方法有一定的认识和了解。

参考文献

[1] 智研咨询. 2025—2031年中国LNG接收站行业市场行情监测及发展前景研判报告[R].北京：北京智研科信咨询有限公司，2025.

[2] Housner G W. Dynamic pressures on accelerated fluid containers[J]. Bulletin of the Seismological Society of America, 1957, 47(1): 15-35.

[3] Veletsos A S. Seismic effects in flexible liquid storage tanks: Proceedings of the Proceedings of the 5th World Conference on Earthquake Engineering[C]. Bulletin of the Seismological Society of America, 1974.

[4] Haroun M A, Housner G W.Seismic design of liquid storage tanks, "Proceedings of the Journal of Technical Councils, ASCE, Apr, 1981, 191-207.

[5] Edwards N W. A procedure for the dynamic analysis of thin-walled cylindrical liquid storage tanks[J]. Res Literatures, 1969 .

[6] Shaaban S H, Nash W A. Response of an empty cylindrical ground supported liquid storage tank to base excitation[J]. Proceedings International Symposium on Earthquake Structural Engineering, 1975. 760819 Vol.1-2.

[7] Haroun M A, Housner G W. Dynamic characteristics of liquid storage tanks[J]. Journal of the Engineering Mechanics Division, 1982, 108(5): 783-800.

[8] Hwang I T, Ting K. Boundary element method for fluid-structure interaction problems in liquid storage tanks[J]. Oil & Gas Storage and Transportation, 1989. 1900-01-01.

[9] Shahverdiani K, Rahai A, Khoshnoudian F. Sloshing in concrete cylindrical tanks subjected to earthquake[J]. Proceedings of the Institution of Civil Engineers-Engineering and Computational Mechanics, 2010, 163(4): 261-269.

[10] 杜英军,谢根栓.基于Ansys的锚固式储液罐模态分析[J].石油化工设备，2005(6): 23-25.

[11] 张云峰,周利剑.立式储罐动力反应谱分析[J].世界地震工程，2005, 21(1): 6.

[12] 李可娜,黄达海.基于Adina软件的不同液位及厚度的储液罐静动力分析[C]. Proceedings of 2010 the 3rd International Conference on Computational Intelligence and Industrial Application, 2010.

[13] 袁朝庆,潘德涛,谌飞翔.LNG储罐外壁地震响应有限元分析[J].计算机辅助工程,2011,20(4):82-85.
[14] 周利剑,黄兢,王向英,等.内罐泄漏条件下LNG储罐外罐地震响应分析[J].压力容器,2012,29(1):5.
[15] 刘佳,陈叔平,刘福录,等.4×10^{4}m^3 LNG储罐网壳拱顶动力特性分析[C]//压力容器先进技术——第八届全国压力容器学术会议论文集,2013.
[16] 董莉,张博一.非锚固大型立式浮顶储液罐振动响应分析[J].低温建筑技术,2014,36(4):3.
[17] 张伟,马志鹏,任永平,等.地震作用对大型LNG储罐动力特性影响分析[J].低温与超导,2015,43(9):7.
[18] 周颖,吕西林.建筑结构振动台模型试验方法与技术[M].北京:科学出版社,2012.
[19] Chalhoub M S, Kelly J M. Theoretical and experimental studies of cylindrical water tanks in base isolated structures[M]. Berkeley, CA: Earthquake Engineering Research Center, University of California at Berkeley, 1988.
[20] Kim N S, Lee D G.Pseudo-dynamic test for evalution of seismic performanceof base isolated liquid storage tanks[J]. Engineering Strcuctures, 1995, 17(3):198 -208.
[21] Castellano M G, Infanti S, Dumoulin C, et al. Shaking table tests on a liquefied natural gas storage tank mock-up seismically protected with elastomeric isolators and steel hysteretic torsional dampers[C]//Proceedings of the 12th world conference on earthquake engineering, 2000: 1-8.
[22] 孙建刚,袁朝庆,郝进峰.橡胶基底隔震储罐地震模拟试验研究[J].哈尔滨工业大学学报,2005,37(6):806-809.
[23] 马德萍.隔震LNG储罐的地震反应分析[D].哈尔滨:哈尔滨工业大学,2007.
[24] Jacobsen L S. Impulsive hydrodynamics of fluid inside a cylindrical tank and of fluid surrounding a cylindrical pier[J]. Bulletin of the Seismological Society of America, 1949, 39(3): 189-204.
[25] Veletsos A S , Tang Y .Soil‐structure interaction effects for laterally excited liquid storage tanks[J].Earthquake Engineering & Structural Dynamics, 2010, 19(4):473-496.
[26] Veletsos A S, Verbič B. Vibration of viscoelastic foundations[J]. Earthquake Engineering & Structural Dynamics, 1973, 2(1): 87-102.

3

液固耦合作用参数化分析

3.1 引言

在流固耦合问题中对流体的计算可使用直接有限元建模、附加质量法和简化力学模型进行数值计算。其中，采用直接有限元建模能够准确模拟出液体在地震动作用下的动力行为，但该方法的计算时间较长且有限元模型的收敛性不易保证。采用附加质量法进行数值计算可以大幅地减少有限元模型的计算时间，但是需要进行有限元建模，在储罐的初步设计中仍然不能够快速给出地震响应。

本章使用第2章推导的两个简化模型，从储罐顶部的绝对加速度、相对位移、罐壁的动水压力，罐体的基底剪力和倾覆力矩，分析了地震动作用下储罐在不同储液含量条件、不同场地条件、叠加高阶振型时的地震响应。

3.2 不考虑土-结构相互作用简化模型的参数化分析

3.2.1 储液含量的影响

采用简化模型进行动力分析时可采用反应谱法和逐步法，本文采用逐步法进行分析，计算方法采用线加速度法[1]。简化模型的动力方程参数如表3.1所示。分析过程中使用的地震动和振动台使用的地震动一致，其中加速度幅值为1m/s^2。

图3.1对比了两种储液含量情况下体系的动力响应，其中图3.1(a)和(b)给出了地震动激励下穹顶和侧壁连接处的加速度响应和相对位移响应。图3.1(c)和(d)对比了地震动作用下体系的最大基底剪力和倾覆力矩。

从图3.1(a)和(b)可知，当储液含量增多时储罐穹顶与侧壁连接处的加速度响应和相对位移明显增大。其中当储液含量为0时，连接处的最大加速度分别为0.85 m/s^2、0.62 m/s^2、0.90 m/s^2；最大相对位移为12.2 mm、7.6 mm、10.1 mm。当储液含量为100%时连接处的最大加速度分别为2.53 m/s^2、2.52 m/s^2、2.80 m/s^2；最大相对位移为134.7 mm、129.3 mm、109.3 mm。

从图3.1(c)和(d)可知，当储液含量为0时，储罐的最大基底剪力为3.055×10^7 N、3.007×10^7 N、3.067×10^7 N；最大倾覆力矩分别为8.312×10^8 N·m、8.175×10^8 N·m、8.349×10^8 N·m。当储液含量为100%时，储罐的最大基底剪力为1.621×10^8 N、1.645×10^8 N、1.530×10^{8}N；最大倾覆力矩分别为3.329×10^9 N·m、3.383×10^9 N·m、3.164×10^9 N·m。其中，相对无储液时，储液含量为100%时基底剪力增大4.989~

5.470倍，倾覆力矩增大3.790~4.141倍。值得注意的是，当储液含量为100%时，系统的地震响应由罐内储液控制。其中，基底剪力的86.22%~88.79%、倾覆力矩的80.19%~82.65%由储液产生。而罐体本身对系统的地震响应的贡献较小，基底剪力占11.21%~13.78%，倾覆力矩占13.75%~19.81%。

表3.1 简化模型的动力方程参数

参数	数值
m_f^s	$9.821×10^6$
m_f^l	$8.092×10^6$(100%储液)
	0(无储液)
m_r^s	$3.020×10^6$
m_r^l	$3.346×10^7$(100%储液)
	0(无储液)
c	$5.469×10^7$(100%储液)
	$4.070×10^7$(无储液)
k^*	$1.687×10^{10}$

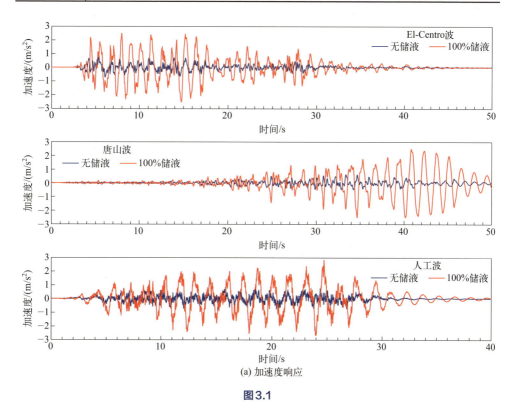

(a) 加速度响应

图3.1

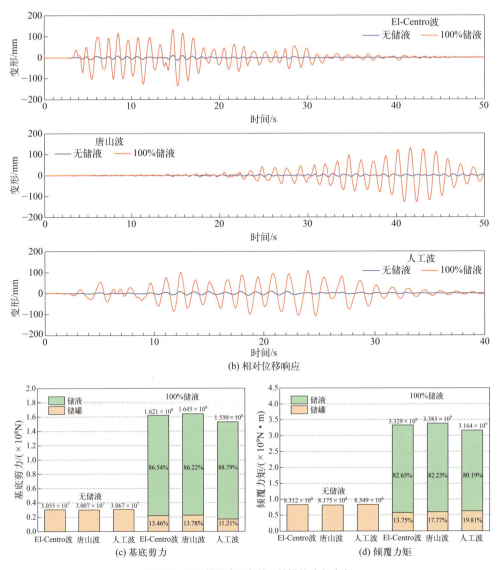

图3.1 不同储液含量条件下储罐的动力响应

3.2.2 高阶振型的影响

在前述的计算中，结构的变形是使用一阶振型进行近似计算的。但实际上结构的变形往往比较复杂，需要考虑更多的振型以提高计算精度，考虑高阶振型的相对位移可用式(3.1)表示[2]。

$$u_f(y, t) = \sum_{i=1}^{n} \phi_i(y) u_i(t) \quad (3.1)$$

式中，$\phi_i(y)$ 为第 i 阶振型的形函数；$u_i(y)$ 为第 i 阶振型幅值变化的广义坐标，用于反映第 i 阶振型的贡献。

已知，动水压力不满足振型的正交性条件，不能使用振型分解法进行解耦。在本文中假设动水压力满足振型的正交性条件，式(3.1)转化为式(3.2)。

$$[m_{f,i}^s + m_{f,i}^l]\ddot{u}_i + k_i^* u_i = -[m_{r,i}^s + m_{r,i}^l]\ddot{u}_g \tag{3.2}$$

式中，i 为振型的阶数，每一阶振型的动力方程相关参数通过式(3.3)进行计算。

$$\begin{aligned}
m_{f,i}^s &= \int_0^H \bar{m}\phi_i^2(y)dy + m_1\phi_i^2(H) + J_1\ddot{\phi}_i^2(H) \\
m_{f,i}^l &= \int_0^H S_{f,i}(y)\phi_i(y)dy \\
m_{r,i}^s &= \int_0^H \bar{m}\phi_i(y)dy + m_1\phi_i(H) \\
m_{r,i}^l &= \int_0^H S_{r,i}(y)\phi_i(y)dy \\
k_i^l &= \int_0^H EI\ddot{\phi}_i^2(y)dy
\end{aligned} \tag{3.3}$$

考虑混凝土的阻尼比为0.05，式(3.2)改写成式(3.4)。

$$[m_{f,i}^s + m_{f,i}^l]\ddot{u}_i + c_i\dot{u}_i + k_i^* u_i = -[m_{r,i}^s + m_{r,i}^l]\ddot{u}_g \tag{3.4}$$

式中，$c_i = 2\xi\omega_i(m_{f,i}^l + m_{f,i}^s)$ 代表第 i 阶振型的阻尼系数，为结构的阻尼比，为第 i 阶振型的自振频率。

$$\omega_i = \sqrt{k_i^*/(m_{f,i}^s + m_{f,i}^l)} \tag{3.5}$$

针对每一阶振型计算其动力方程参数，计算结果如表3.2所示。从表3.2中计算结果可知，模态1~模态4中 $m_{f,i}^l$、$m_{r,i}^l$、$m_{f,i}^s$、$m_{r,i}^s$ 的计算数值在同一数量级，即四参数对模态阶数不敏感。与之相对的，简化模型的刚度系数 K^* 随着模态阶数的增加明显增大，到模态4时较模态1增加了142.65倍。

表3.2 不同模态计算的简化力学模型参数[15]

模态	$m_{r,i}^l$/($\times 10^6$kg)	$m_{r,i}^l$/($\times 10^7$kg)	$m_{f,i}^s$/($\times 10^6$kg)	$m_{r,i}^s$/($\times 10^6$kg)	k_i^*/($\times 10^8$N/m)	f/Hz
1	8.092	3.346	9.821	3.020	3.343	0.688
2	1.951	1.247	7.833	6.473	18.403	2.184
3	8.036	1.926	13.322	3.325	173.074	4.533
4	5.046	1.174	13.450	3.225	476.880	8.085

使用表3.2中的参数进行时程分析，考虑多阶模态影响时，非刚性储罐的动水压力与刚性储罐的动水压力进行对比，对比结果如图3.2所示。由图3.2中结果可

知,考虑罐体变形条件下非刚性储罐在高度37m以下位置的动水压力明显大于刚性储罐。考虑高阶振型作用时,动水压力分布和不考虑高阶振型动水压力分布的趋势基本一致。值得注意的是,高阶振型会导致罐身出现局部的动水压力略有增大,主要体现在高度20m以下的位置,增大幅度很小。

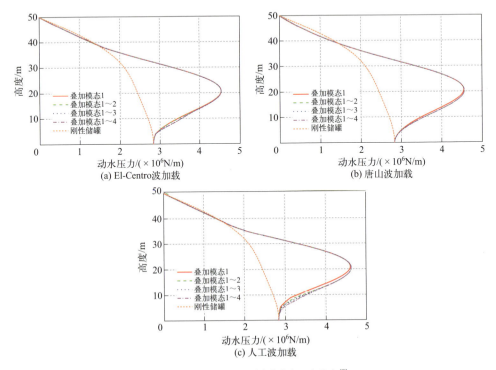

图3.2 考虑高阶振型侧壁动水压力分布[5]

在考虑多阶模态影响时,非刚性储罐与刚性储罐的基底剪力和倾覆力矩计算结果如图3.3所示,由图3.3中结果可知,考虑侧壁变形时,结构的基底剪力和倾覆力矩有增大的趋势,其中考虑第一阶振型时基底剪力和倾覆力矩分别增大15.12%~23.78%和7.80%~15.34%;考虑二到四阶振型时,相较于其前一阶振型基底剪力和倾覆力矩增大小于5%,高阶振型对结构的动力响应影响较小。将基底剪力和倾覆力矩按照罐体和罐内液体贡献进行分析,分析结果如图3.3所示。由图3.3可知,不考虑结构变形时,系统的基底剪力86.22%~88.79%由罐内液体产生,11.21%~13.78%由罐体产生;系统的倾覆力矩80.19%~82.65%由罐内液体产生,17.35%~19.81%由结构产生。随着叠加振型的增加,基底剪力的5.48%~18.59%和倾覆力矩的5.90%~23.91%由罐体振动组成,而基底剪力的81.41%~94.52%和倾覆力矩的76.09%~94.10%由液体的脉动组成。

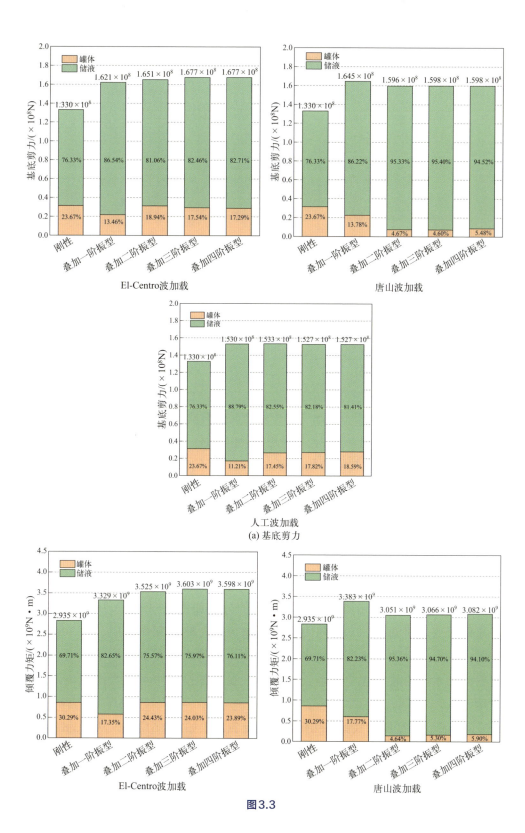

图3.3

3 液固耦合作用参数化分析

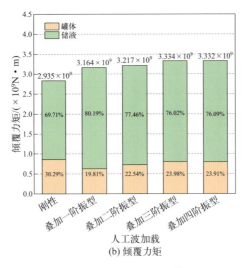

图 3.3 储罐的动力响应[5]

3.2.3 穹顶的影响

将前文的简化模型和不考虑穹顶作用的简化模型进行对比，不考虑穹顶作用的动力方程和式(3.4)相同。其中，不考虑穹顶作用时，$m_1=0$、$J_1=0$。形函数采用文献[5]中悬臂梁的形函数，其他参数与考虑穹顶作用的简化模型计算方法一致。计算叠加不同高阶振型的动水压力，计算结果如图3.4所示。从图3.4中可知，叠加第一阶振型时会明显增大罐体20m以上的动水压力。第二阶模态会显著增大侧壁37m以下的动水压力，第三阶和第四阶振型会略微增大罐体20m以下位置的动水压力，第五阶振型对动水压力的影响很小。

不考虑穹顶作用的简化模型叠加到第四阶振型，考虑储罐侧壁变形的两个简化模型动水压力和刚性壁动水压力的分布如图3.5所示。从图3.5可知，考虑侧壁变形时罐体的动水压力会明显增大，忽略穹顶作用时，在30m以上位置，罐体侧壁的动水压力较考虑穹顶作用的稍大；在30m以下位置，罐体侧壁的动水压力较考虑穹顶作用的稍小；在局部设计中可以考虑忽略穹顶的作用。

两个简化模型的基底剪力和倾覆力矩计算结果如图3.6所示，从图3.6中结果可知，忽略穹顶作用时简化模型的基底剪力和倾覆力矩计算值大于考虑穹顶作用的计算值，其中基底剪力相差$4.84×10^7$～$5.75×10^7$ N，倾覆力矩相差$6.83×10^8$～$1.29×10^9$ N·m。

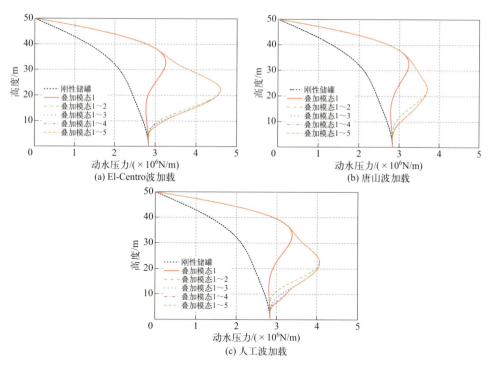

图3.4 忽略穹顶作用侧壁动水压力分布

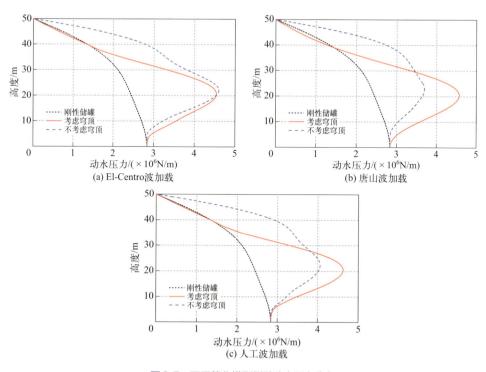

图3.5 不同简化模型侧壁动水压力分布

3 液固耦合作用参数化分析

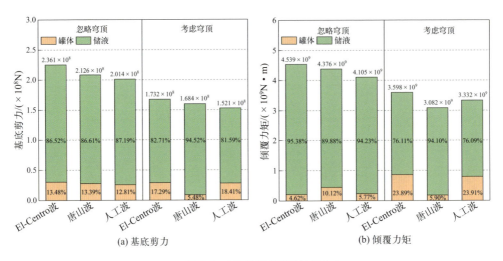

图 3.6 不同简化模型的地震响应

3.3 考虑土-结构相互作用简化模型的参数化分析

3.3.1 储罐变形的影响

在3.2.2节中可知，刚性地基条件下，考虑第一阶振型可以保证储罐-储液系统的地震响应的计算结果能满足工程精度。在本节中首先计算了考虑土结相互作用时储罐的动水压力分布。使用表3.3中参数进行数值计算，计算得到储罐的动水压力如图3.7所示。

由图3.7可知，忽略储罐变形时，储罐的动水压力随着高度的增加，储液产生的动水压力逐渐降低。当考虑储罐的变形时，储罐的动水压力在储罐中下部明显增大，在高度40m以上位置略有降低。地震作用下储罐产生的总动水压力如表3.3所示。由表中数据可知，不考虑储罐变形时，储罐动水压力的合力为1.102×10^8 N、9.628×10^8 N、1.374×10^8 N。考虑储罐变形时，储罐的动水压力的合力为2.122×10^8 N、1.818×10^8 N、2.647×10^8 N。忽略储罐变形时，储罐动水压力合力约为考虑储罐变形时产生的动水压力的50%。

表3.3 考虑土结相互作用时储罐的动水压力合力值

项目	动水压力合力 /N		
地震波	El-Centro波	唐山波	人工波
不考虑变形	1.102×10^8	9.628×10^8	1.374×10^8
考虑变形	2.122×10^8	1.818×10^8	2.647×10^8

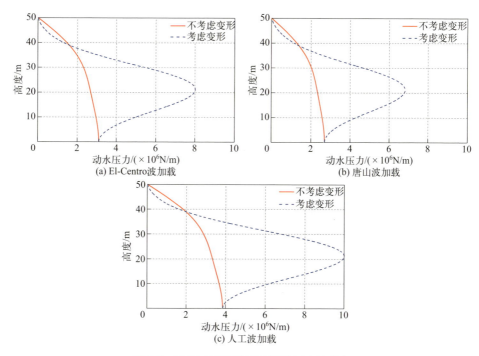

图3.7 考虑土结相互作用时储罐动水压力分布

可进一步计算在地震动作用下，罐体产生的基底剪力和倾覆力矩，计算结果如图3.8所示。由图3.8可知当考虑储罐变形时，地震动作用下储罐产生的基底剪力和倾覆力矩显著增大。其中，不考虑储罐变形时，储罐产生的基底剪力为1.444×10^8 N、1.261×10^8 N、1.801×10^8 N；产生的倾覆力矩为3.007×10^9 N·m、2.688×10^9 N·m、3.837×10^9 N·m。考虑储罐变形时，储罐产生的基底剪力为2.242×10^8 N、1.930×10^8 N、2.797×10^8 N；产生的倾覆力矩为5.764×10^9 N·m、4.941×10^9 N·m、7.191×10^9 N·m。相较于不考虑储罐变形，考虑储罐变形时基

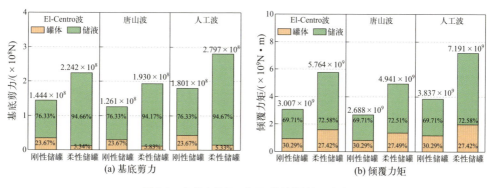

图3.8 考虑土结相互作用时储罐的地震响应

3 液固耦合作用参数化分析

底剪力是前者的1.5倍，倾覆力矩是前者的2.0倍。需要注意的是，满液时，罐内储液是系统地震响应的主要影响因素。其中，考虑储罐变形时，基底剪力的94.17%～94.67%、倾覆力矩的72.51%～72.58%由储液产生。而罐体本身对系统的地震响应的贡献较小，基底剪力占5.33%～5.83%，倾覆力矩占27.42%～27.49%。

3.3.2 储液含量的影响

当储液含量为0时，可认为储罐内部储液的密度为0，即与储液相关的简化模型参数均为0。将计算得到的参数代入动力方程进行数值计算。图3.9对比了两种储液含量情况下体系的动力响应，其中图3.9(a)和图3.9(b)给出了地震动激励下穹顶和侧壁连接处的加速度响应和相对位移响应。图3.9(c)和图3.9(d)对比了地震动作用下体系的最大基底剪力和倾覆力矩。

从图3.9(a)和(b)可知，当储液含量增多时储罐穹顶与侧壁连接处的加速度和相对位移明显增大。其中，当储液含量为0时，连接处的最大加速度分别为2.90 m/s^2、2.17 m/s^2、3.78 m/s^2；最大相对位移为85.7 mm、64.2 mm、113.1 mm。当储

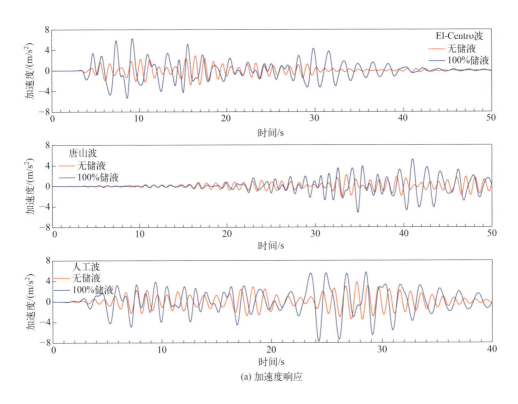

(a) 加速度响应

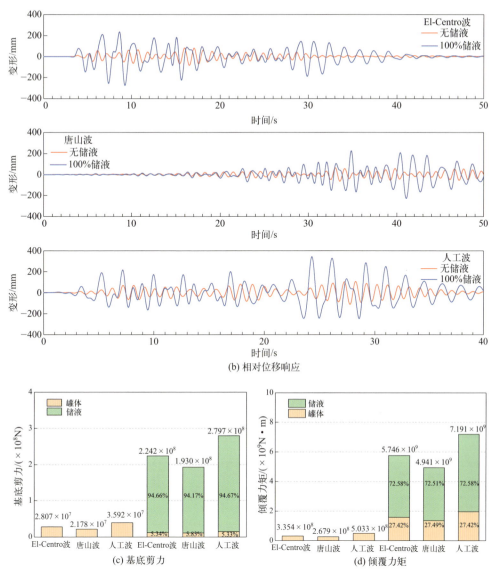

图3.9 考虑土结相互作用时不同储液含量条件下储罐的动力响应

液含量为100%时连接处的最大加速度分别为 6.26 m/s^2、5.22 m/s^2、7.82 m/s^2；最大相对位移为 275.1 mm、229.0 mm、353.4 mm。

从图3.9(c)和(d)可知，罐内储液含量增多时，储罐的基底剪力和倾覆力矩明显增大。其中，当储液含量为0时，储罐的最大基底剪力为 2.807×10^7 N、2.178×10^7 N、3.592×10^7 N；最大倾覆力矩分别为 3.354×10^8 N·m、2.679×10^8 N·m、5.033×10^8 N·m。当储液含量为100%时，储罐的最大基底剪力为 2.242×10^8 N、1.930×10^8 N、

2.797×10^8 N;最大倾覆力矩分别为 5.746×10^9 N·m、4.941×10^9 N·m、7.191×10^9 N·m。储液含量为100%时比无储液时基底剪力增大了7.787~8.861倍,倾覆力矩增大了14.373~18.443倍。

3.3.3 剪切波速的影响

根据GB 50267—2019《核电厂抗震设计标准》[3]可知,核电厂应建设在静载力特征值大于0.34MPa或剪切波速大于300m/s的地基之上,且当剪切波速大于2400m/s或者地基刚度大于上部结构刚度的两倍时可不考虑土结相互作用。在GB 50011—2010《建筑抗震设计规范》[4]中将建筑场地分为四类,划分标准如表3.4所示。由表3.4中数据可知,《核电厂抗震设计标准》中的相关规定大致等效为核电厂的建筑场地应在Ⅱ类及以上场地进行修建。对于大型全容式LNG储罐的建设,选址条件、建设标准和核电设施的要求具有许多相似之处,但是大型全容式LNG储罐的选址受LNG码头的限制,需要建设在LNG码头附近,故场址的地基条件不一定能完全满足《核电厂抗震设计标准》的相关要求。

表3.4 各类建筑场地的覆盖层厚度　　　　　　　　　　单位:m

岩石剪切波速或者土体等效剪切波速/(m/s)	场地类别				
	Ⅰ$_0$	Ⅰ$_1$	Ⅱ	Ⅲ	Ⅳ
v_s > 800	0	—	—	—	—
800 ≥ v_s > 500	—	0	—	—	—
500 ≥ v_{se} > 250	—	< 5	≥ 5	—	—
250 ≥ v_{se} > 150	—	< 3	3~50	> 50	—
v_{se} ≤ 150	—	< 3	3~15	15~80	> 80

注:v_s为岩石的剪切波速,v_{se}为土体的等效剪切波速。

在本节中通过改变剪切波速,计算了不同剪切波速场地在地震动作用下储罐的地震响应。其中进行参数化分析时,假定土体的密度不发生改变,而计算不同硬度的场地土体对储罐地震响应的影响。不同剪切波速条件下,土体的简化模型参数如表3.5所示。使用表中的参数进行数值计算,计算得到的储罐顶部的峰值绝对加速度、储罐顶部相对储罐底部的最大变形、最大基底剪力和最大倾覆力矩如图3.10所示。

由图3.10可知,当剪切波速小于400m/s时,不同的地震动作用下储罐的地震响应存在较大的离散性，而当剪切波速大于400m/s时，相同幅值作用下储罐的响应趋于定值，且不同的地震动之间的离散性较小。

表3.5 参数化分析基本参数

v_s/(m/s)	ρ/(kg/s³)	G/MPa	v	k_H/(N/m)	c_H/(N·s/kg)	m_s/kg
100	1900	19.00	0.25	4.473×10^9	7.100×10^7	1.127×10^7
200	1900	76.00	0.25	1.789×10^{10}	1.124×10^8	1.127×10^7
300	1900	171.00	0.25	4.026×10^{10}	1.420×10^8	1.127×10^7
400	1900	304.00	0.25	7.157×10^{10}	2.130×10^8	1.127×10^7
500	1900	475.00	0.25	1.118×10^{11}	2.840×10^8	1.127×10^7
1000	1900	1900.00	0.25	4.473×10^{11}	3.550×10^8	1.127×10^7
1500	1900	4750.00	0.25	1.006×10^{12}	7.100×10^8	1.127×10^7
2000	1900	7600.00	0.25	1.789×10^{12}	1.065×10^9	1.127×10^7
2400	1900	10944.00	0.25	2.577×10^{12}	1.420×10^9	1.127×10^7

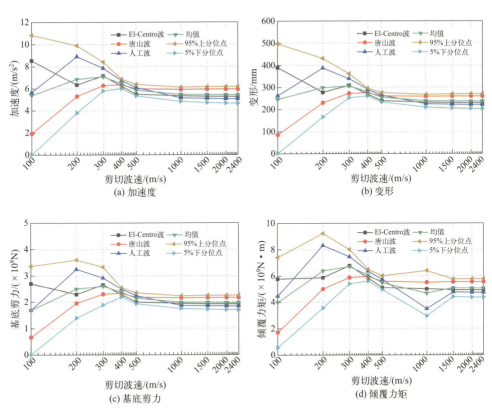

图3.10 不同剪切波速条件下储罐的地震响应

3.4 场地类型的影响

图3.11对比了忽略土-结构相互作用和考虑土-结构相互作用两种情况下体系的动力响应，其中图3.11(a)和(b)给出了地震动激励下穹顶和侧壁连接处的加速度响应和相对位移响应。图3.11(c)和(d)对比了地震动作用下体系的最大基底剪力和倾覆力矩。

从图3.11(a)和(b)可知，考虑土-结构相互作用时储罐穹顶与侧壁连接处的加速度和相对位移明显减小。其中，忽略土-结构相互作用时，连接处的最大加速度分别为2.53 m/s²、2.52 m/s²、2.80 m/s²；最大相对位移为134.7 mm、129.3 mm、109.3 mm。当储液含量为100%时连接处的最大加速度分别为6.26 m/s²、5.22 m/s²、7.82 m/s²；最大相对位移为275.1 mm、229.0 mm、353.4 mm。

从图3.11(c)和(d)可知，考虑土-结构相互作用时，储罐的基底剪力和倾覆力矩明显增大。其中，忽略土-结构相互作用时，储罐的最大基底剪力为1.621×10^8 N、1.645×10^8 N、1.530×10^8 N；最大倾覆力矩分别为3.329×10^9 N·m、3.383×10^9 N·m、3.164×10^9 N·m。当考虑土-结构相互作用时，储罐产生的基底剪力为2.242×10^8 N、1.930×10^8 N、2.797×10^8 N；产生的倾覆力矩为5.764×10^9 N·m、4.941×10^9 N·m、7.191×10^9 N·m。相比忽略土-结构相互作用时，考虑土-结构相互作用时基底剪力为前者的1.173～1.828倍，倾覆力矩为前者的1.461～2.273倍。

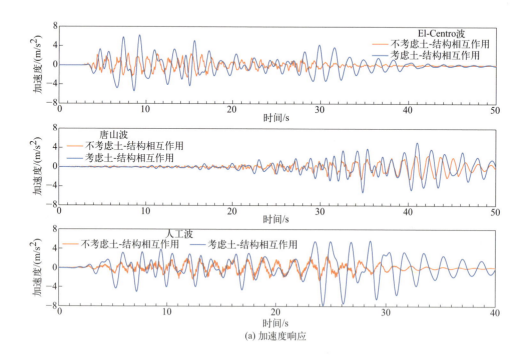

(a) 加速度响应

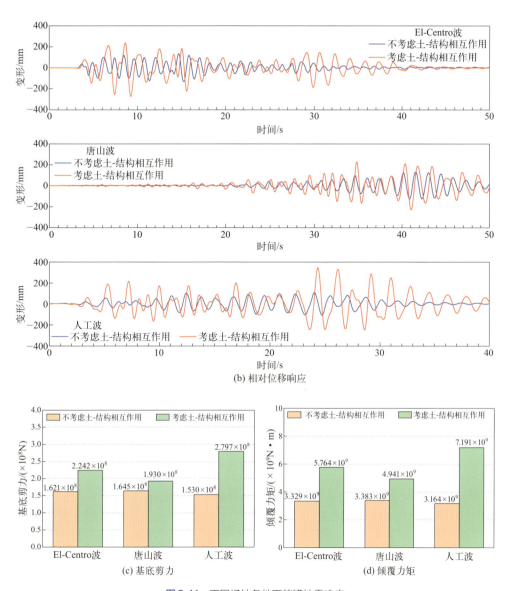

(b) 相对位移响应

(c) 基底剪力

(d) 倾覆力矩

图3.11 不同场地条件下储罐地震响应

3.5 小结

本章根据简化力学模型，使用线加速度法进行时程分析。其中，刚性场地的简化力学模型通过控制储液含量，是否考虑穹顶以及叠加高阶振型，研究了各参数对储罐地震响应的影响。根据刚性场地的计算结论和柔性场地的简化力学模型分析了储罐变形、储液含量以及剪切波速对储罐地震响应的影响，最后对比了两种场地条件下储罐地震响应的差异性。本章的主要结论如下。

① 地震动作用下，储液含量增多时，储罐的地震响应明显增大，储罐的地震响应主要由罐内的储液控制。

② 使用简化模型进行数值计算时，考虑储罐第一阶振型能满足计算精度。对于刚性地基条件下的储罐，叠加第一阶振型时，结构的地震响应增大约20%。对于柔性储罐，叠加第一阶振型时，结构的地震响应增大约50%。

③ 考虑土-结构相互作用时，土体的剪切波速对结构的地震响应影响非常明显。当土体的剪切波速为200～300m/s时，储罐的地震响应最大。此外，当土体的剪切波速降低时，储罐的地震响应的离散性增大，当剪切波速大于400m/s时，储罐的地震响应趋于定值。

④ 考虑土-结构相互作用时，储罐的地震响应会明显大于忽略土-结构作用时的计算结果。

参考文献

[1] Clough R, Penzien J. Dynamics of structures [M]. 3rd ed. Berkeley: Computers & Structures, 1995.
[2] 沈聚敏. 抗震工程学 [M]. 北京：中国建筑工业出版社, 2000.
[3] 中华人民共和国住房和城乡建设部，中华人民共和国国家市场监督管理总局. GB 50267—2019, 核电厂抗震设计标准 [S]. 北京：中国计划出版社.
[4] 中华人民共和国住房和城乡建设部，中华人民共和国国家质量监督检验检疫总局. GB 50011—2010, 建筑抗震设计规范 [S]. 北京：中国建筑工业出版社.
[5] 罗诒红，周中一，唐泽寰，等. 大型混凝土储液罐考虑穹顶效应的动力响应研究[J]. 工程力学, 2023, 41(12): 128.

4

LNG 储罐结构振动台试验方法

4.1 引言

依据建筑结构振动台试验相似关系严格地讲,除了在原型结构上进行的试验外,一般的结构试验都是模型试验,结构抗震试验也可以采用模型试验。本章即介绍大型LNG储罐结构振动台试验中的缩尺模型理论设计。

4.2 多介质耦合模型试验体系相似系数设计

主要依据相似系数量纲分析方法进行设计。

结构模型试验旨在设计出与原型结构具有相似工作情况的模型结构,其相似设计中既包含了物理量的相似,又包含了更广泛的物理过程相似。简单地说,结构模型相似主要解决下列一些问题。

① 模型的尺寸是否要与原型保持同一比例;
② 模型是否要求与原型采用同一材料;
③ 模型的荷载按什么比例缩小和放大;
④ 模型的试验结果如何推算至原型。

具体的结构模型相似设计将涉及几何相似、材料相似、荷载相似(动力、静力)、质量相似、刚度相似、时间相似、边界条件相似等。结构模型与原型的关系通过相似条件反映。确定相似条件通常采用量纲分析法。

根据π定理可得:任意由n个有量纲的物理量表示的齐次物理方程$f(q_1, q_2, q_3, \cdots, q_n)$,均可转化为由$m$个量纲为1量表示的方程$F(\pi_1, \pi_2, \pi_3, \cdots, \pi_n)=0$,$m=n-r$,$r$为独立的基本量纲的数(也称相似常数);并且$\pi_1=q_1^{a_1} q_2^{a_2} q_3^{a_3} \cdots q_n^{a_n}$,指数$a_i$为有理数。

结构在动力作用下各物理量的函数关系可表示为

$$\sigma=f(l, E, \rho, t, \mu, v, a, g, \omega) \tag{4.1}$$

式中,σ为应力;l为结构的长宽高等几何尺寸;E为材料的弹性模量;ρ为密度;t为时间;μ为泊松比;v为速度;a为加速度;g为重力加速度;ω为振动圆频率。

可将式(4.1)转化为量纲为1量表示的关系

$$\pi_0 = f(\pi_1, \pi_2, \pi_3, \cdots, \pi_9) \tag{4.2}$$

以长度、弹性模量、密度作为互相独立的相似系数,根据量纲协调的原理,量纲为1的量π_i可以用3个互相独立的相似系数l、E、ρ表示。模型试验中常见的物理量量纲见表4.1。

表4.1 模型试验常用物理量量纲

物理量		物理量符号	符号	量纲
几何参数	长度	l	l_r	l_r
	时间	t	t_r	$l_r\sqrt{\rho_r/E_r}$
	质量	m	m_r	$\rho_r l_r^3$
	位移	d	d_r	l_r
材料性能	应力	σ	σ_r	E_r
	弹性模量	E	E_r	$E_r(=1)$
	泊松比	μ	μ_r	l_r
	应变	ε	ε_r	1
	密度	ρ	ρ_r	ρ_r
受力性能	力	F	F_r	$E_r l_r^2$
	弯矩	M_b	M_{br}	$E_r l_r^3$
	速度	v	v_r	$\sqrt{E_r/\rho_r}$
	加速度	a	a_r	$E_r/(l_r \rho_r)$
	圆频率	ω	ω_r	$\sqrt{E_r/\rho_r/l_r}$

在进行LNG储罐结构振动台试验时,除了上文提到的长度、弹性模量和密度3个相似系数之外,也可以选用其他量纲,只要基本量纲是相互独立和完整的,各物理量之间的量纲关系实际满足的是一种量纲协调。现以3个相似系数l_r、σ_r和a_r为例,详细讲述相系数设计原则。

(1)确定长度相似关系l_r

在确定长度相似系数l_r之前,首先要获得振动台性能及试验室的数据资料,以确保原型结构缩尺之后,平面几何尺寸在振动台台面范围之内,立面高度满足试验室制作场地高度要求以及模型吊装行车的高度要求。所以,长度相似系数l_r通常作为可控相似系数的首选。

较大的振动台试验模型施工方便,尺寸效应的影响也会相对较小,因此期望模型制作得尽可能大,即长度相似系数尽可能取大值。长度相似系数一经确定,除特殊情况外,一般不再予以变动。当模型平面尺寸稍大于台面尺寸时,可采用刚性底座超出振动台的方式;当模型高度超过行车起吊高度时,可采用在振动台上制作和养护模型的方式。

（2）确定应力相似系数 σ_r

根据已选模型的主要材料，例如选定钢筋混凝土部分由微粒混凝土、镀锌铁丝和镀锌铁丝网来模拟。模型设计微粒混凝土与原型钢筋混凝土之间的强度关系通常为1/5～1/3，试验室都可以实现，即应力相似系数 σ_r 一般也可作为可控相似系数，事先予以确定。

（3）确定加速度相似系数 a_r

加速度相似系数 a_r 在模型设计中的重要性不言而喻，它决定着模型结构是否能够反映原型结构在各种烈度下的真实地震反应，考虑振动台噪声、台面承载力及行车起吊能力、原型结构最大水准下的地面加速度峰值等因素，加速度相似关系 a_r 的范围通常为1～3。值得注意的是，通常情况下，竖向地震作用不可忽略，此时的加速度放大系数宜尽可能设置为1，以免造成结果失真。

（4）其余物理量相似的确定

原型结构和模型结构都是在同样的重力场中，重力加速度相同，因此

$$g_r = \frac{E_r}{l_r \rho_r} = 1 \tag{4.3}$$

$$E_r = l_r \rho_r \tag{4.4}$$

$$E_r l_r^2 = l_r^3 \rho_r = m_r = \frac{m_m + m_a}{m_p} \tag{4.5}$$

式中，m_m 为模型结构的质量；m_p 为原型结构的质量；m_a 为附加的人工质量。当模型结构与原型结构使用同一种材料时，$m_m = l_r^3 m_p$，从而得到附加质量为

$$m_a = E_r l_r^2 m_p - m_m \tag{4.6}$$

对实际结构来说，结构自重包括结构自身的质量、恒荷载及活荷载的质量，则，$m_p = m'_p + m_{op}$、$m_m = m'_m + m_{om}$，m'_p 和 m'_m 分别为原型结构和模型结构自身的质量，m_{op} 和 m_{om} 分别为原型结构和模型结构恒、活荷载的质量。等效密度的相似系数为[1]

$$\bar{\rho}_r = \frac{m'_m + m_{om} + m_a}{l^3 (m'_p + m_{op})} \tag{4.7}$$

因而，综合考虑了振动台的承载能力和最大加速度等条件限制，张敏政等提出了"欠人工质量模型"[2]，这是一个介于真实质量模型和人工质量模型之间的折中方案，能兼顾二者的优点、弥补二者的不足。欠人工质量模型需要在振动台承载能力范围内附加人工质量，即 m_a 选取0到 $E_r l_r^2 m_p - m_m$ 的值，即可在振动台最大加速度范围内对地震动水平加速度进行调幅，此时就能同时充分利用振动台的承载能力和最大加速度，达到一个"中庸"的最优解。

4.3 振动台模型土箱

在振动台模型试验中，必须有一个容器来盛土，这就使土受到了容器边界的约束作用，人为地增加了边界。在动力试验中，边界对土体变形的限制以及波的反射和散射都将对结果产生严重影响，即模型箱效应。另外，原型土在地震作用下近似作剪切变形。因此，理想的土箱应满足两个条件：①能够正确模拟土的边界条件；②能够正确模拟土的剪切变形。由于土本身材料特性的复杂性及地震波在土中传播的复杂性，完全模拟土的边界条件是很困难的，如何减少土箱边界的波动反射，是振动台试验的关键和难点。成功的土箱设计要求边界条件对整个系统反应的影响最小，使模型土在土箱容器中能再现自由场的地震反应。到目前为止，振动台模型试验中常用的大致有三种土箱形式。

4.3.1 刚性模型土箱

刚性模型土箱是刚性容器，内壁黏附泡沫塑料等柔性材料来吸收侧向边界的波以模拟土的边界。国外在20世纪80年代常采用这种容器。这种容器模拟真实土层的效果与容器内壁所垫材料的性质及其厚度有很大关系，材料太柔太厚，则土层将发生弯曲变形而不是剪切变形；材料太刚太薄，则边界的反射太强，难以模拟土层的自由场反应。

4.3.2 柔性模型土箱

柔性模型土箱是圆筒形柔性容器，包括一块围成圆筒形的橡胶膜，上端固定于上部钢圆环，下端固定在下部基底钢板上。上部钢圆环支撑在四根钢杆上，钢杆与钢环用万用接头连接，它允许容器内的模型土发生多方向平动的剪切变形。橡胶膜外包纤维带或钢丝提供径向刚度。圆筒形柔性容器由美国Berkeley大学的Meymand博士首先设计并投入试验。国内的陈跃庆在同济大学振动台试验室采用类似的土箱模型。柔性容器的外包纤维带的间距对试验结果的影响很大，太小则成了刚性容器，难以提供剪切变形，太大则在振动时，土体向外膨胀，导致土体约束压力的释放，同时土层可能发生弯曲变形。

4.3.3 层状剪切变形箱

刚性土箱箱壁上柔性材料类型、厚度的选择对土体剪切变形与边界效应的影响很大：圆筒形柔性容器只有调整到合适的箱壁刚度才能正确模拟土体剪切变形；层状剪切变形箱最能准确模拟地震作用下的半无限土体。层状剪切变形箱按可变形方向分类，主要分为一维层状剪切变形箱、二维层状剪切变形箱和三维层状剪切变形箱。

一维层状剪切变形箱由多层框架堆叠组成，限制土体的变形，层间可焊接凹槽安放钢珠或轴承实现框架间的相对滑移。在箱体外采用限位装置对箱体约束，使土箱仅能在单方向上剪切平动。较为典型的如日本国家地球科学与灾害防御研究所（NIED）研制了大型层状剪切变形箱，内部尺寸长11.6m、宽3.1m、高4.5m（6m），由29个200mm×200mm的H形钢构成，模型箱的最大水平滑动距离达1m。内部衬有3mm厚的防水橡胶膜。层间放置外径为200mm的钢管作为滚轴，并放置聚四氟乙烯垫降低剪切刚度，模型箱如图4.1所示。加利福尼亚大学圣地亚哥分校研制了中型和大型层状剪切模型箱，其中中型模型箱在28层H形框架的基础上发展到43层，容器内部长3.9m、宽1.8m、高2.9m。层间布置16根可滚动的冷轧钢管，横向支撑采用6个立柱，如图4.2所示。大型剪切箱由9个较大框架和22个小框架构成，18根冷轧钢管作为层间连接构件，可在层间滚动。箱体的内部尺寸长6.75m、宽3.00m、高4.90m。

图4.1 日本国家地球科学与灾害防御研究所研制的一维层状剪切变形箱

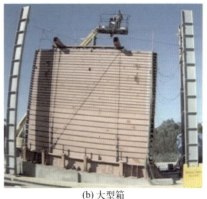

(a) 中型箱　　　　　　　　　　　　　(b) 大型箱

图4.2　加利福尼亚大学圣地亚哥分校研制的一维层状剪切变形箱

二维层状剪切变形箱可分为滑动式和悬挂式。典型滑动式土箱如中国地震局工程力学研究所设计的层状剪切变形箱，除最上层框架外，每层框架的两侧都放置V形凹槽，并在凹槽内放置钢滚珠，形成可以自由滑动的支撑点，通过加装限位器和固定钢板可实现一维平动，去掉限位器的约束并将钢板替换成圆钢后，可实现二维平动，由于钢板和圆钢数量和位置可任意调整，所以该土箱的刚度可调，一维和二维模型箱如图4.3所示。北京工业大学研制了悬挂式层状剪切变形箱，模型箱由11层圆形框架构成，梁板框架与悬挂支架通过万向节相连，所以钢索顶端固定在水平方向上可自由滑动的梁板框架上。钢索在提起框架的同时，还控制了侧向刚度和平面扭转，如图4.4所示。

(a) 一维　　　　　　　　　　　　　(b) 二维

图4.3　中国地震局工程力学研究所研制的二维层状剪切变形箱

北京工业大学设计的三维层状剪切变形箱在地震动激励下能够实现水平和竖向运动。该土箱采用19层H形圆框架，在框架层间布置三向移动支撑件，减轻了箱体的质量和刚度，如图4.5所示。

图4.4 北京工业大学研制的
二维层状剪切变形箱

图4.5 北京工业大学研制的
三维层状剪切变形箱

4.4 模型地基和模型结构制作

真实模型的地基及上部结构的尺寸过大，所以做抗震试验的时候，需要进行缩尺计算。当前，根据相似理论，设计模型有三种方法：物理准则分析法、方程式分析法和量纲分析法。后面两种方法的应用比较广泛，也可以将各种方法结合使用。试验结构与原型结构振动微分方程为

$$m_M \ddot{x}_M + c_M \dot{x}_M + k_M x_M = -m_M \ddot{x}_{g,M} \tag{4.8}$$

$$m_P \ddot{x}_P + c_P \dot{x}_P + k_P x_P = -m_P \ddot{x}_{g,Q} \tag{4.9}$$

式中，m 表示质点质量；c 为阻尼系数；k 为体系刚度；x_g 为地震运动加速度；下标 M 和 P 分别表示试验模型与原型结构。

结构模型相似系数则分别表示为

质量相似系数

$$S_m = \frac{m_M}{m_P} \tag{4.10}$$

阻尼相似系数

$$S_c = \frac{c_M}{c_P} \tag{4.11}$$

刚度相似系数

$$S_k = \frac{k_M}{k_P} \tag{4.12}$$

结构响应的相似系数分别为

$$S_x = \frac{x_M}{x_P} \tag{4.13}$$

$$S_{\dot{x}} = \frac{\dot{x}_M}{\dot{x}_P} \tag{4.14}$$

$$S_{\ddot{x}} = \frac{\ddot{x}_M}{\ddot{x}_P} \tag{4.15}$$

结构激励的相似系数为

$$S_{\ddot{x}_g} = \frac{\ddot{x}_{g,M}}{\ddot{x}_{g,P}} \tag{4.16}$$

同理，多自由度结构也有相似的关系，在此统一表示为

$$[m]\{\ddot{x}\} + [c]\{\dot{x}\} + [k]\{x\} = -[m]\{1\}\ddot{x}_g \tag{4.17}$$

式(4.9)简化表示为

$$m_{ij}\ddot{x}_{ij} + c_{ij}\dot{x}_{ij} + k_{ij}x_{ij} = -m_{ij}\ddot{x}_g \tag{4.18}$$

则参数的相似系数统一表示为

$$S_{X_{ij}} = \frac{X_{ij,M}}{X_{ij,P}} \tag{4.19}$$

式中，X_{ij} 表示任意变量。

结构振动台试验按研究可分为动力响应模型试验和强度模型试验。动力响应模型试验的研究范围仅限于研究结构动力响应，模型的制作材料不必和原型结构的材料完全相同，只需模型材料在试验过程中具有完全相似的动力作用。

强度模型试验研究原型结构在各级荷载下直到破坏的整个过程中结构性能的变化，预估原型结构的极限强度和极限变形。定义 S_n 为模型与原型之间物理量的相似系数，欲使模型试验能模拟原型结构的地震反应，各量的相似系数需要满足以下条件。

$$S_\sigma = S_E,\ S_t = S_l\sqrt{S_\rho S_E},\ S_r = S_l,\ S_v = \sqrt{\frac{S_E}{S_\rho}},\ S_a = S_g = \frac{S_E}{S_l S_\rho},\ S_\omega = \frac{\sqrt{\frac{S_E}{S_\rho}}}{S_l}$$

式中，$S_\sigma = \frac{\sigma_m}{\sigma_p}$，下标 m 表示模型，p 表示原型。

由于试验中的重力加速度不可改变，所以有 $S_a = S_g = \frac{g_m}{g_p} = 1$，即 $\frac{S_E}{S_l S_\rho} = 1$，导致 S_E、S_l、S_ρ 不能独立地任意选择。为解决这一问题，目前主要有以下两种相似模型。

忽略重力模型：忽略重力加速度的模拟，即忽略 $S_g = 1$ 的相似要求，此时 S_E、S_l、S_ρ 仍然能够独立地任意选择。人工质量模型：根据 $\frac{S_E}{S_l S_\rho} = 1$、$S_E = S_l S_\rho$，可得 $S_m = S_E S_l^2$，其中 S_m 为模型质量与原型质量的比值。

4.4.1 模型地基制作

以30万立方米LNG储罐振动台为研究对象，试验模型地基制作过程如下，模型桩的布置见图4.6，桩基采用环形布置，内环钢管桩直径32mm、壁厚1.5mm，外环钢管桩直径48mm、壁厚1.5mm，钢管桩底端与土箱底部钢板焊接，顶端与储罐基础钢板螺栓连接，地基土采用粉质黏土。

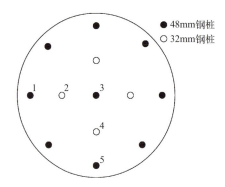

图4.6 桩基布置

4.4.2 模型结构制作

地基试验模型全部采用钢制作，外罐罐壁直径1980mm、罐壁高度900mm、厚度为2mm、罐壁内侧自下而上15mm设置厚2mm的加强圈，内罐直径1940mm、罐壁高度900mm、罐壁厚度为1mm，内部采用防水卷材粘贴防水，底板为正八边形钢板，厚度为30mm，与外罐焊接，内罐和底板采用胶黏的方式连接，内罐与外罐的缝隙采用膨胀珍珠岩进行填充，填充高度约为880mm。穹顶采用冲压一体成型，穹顶曲面厚度约为4.76mm，与外罐顶部连接处厚度约为6mm，考虑内罐传感器导线的走向，在穹顶靠近中心处做一个直径约为70mm的圆形小孔，模型如图4.7所示。

4.4.3 动态信号采集系统

大型LNG振动台模型试验除了需采集常规的加速度、位移、应变信号外，还需采集孔隙水压力、土压力等信号，需要用到各种类型的传感器，如应变片、拉线位移计、加速度计、孔隙水压力计、土压力计等，由于同步采集的动态信号的

(a) 模型外罐示意图

(b) 模型内罐示意图

(c) 穹顶示意图

(d) 膨胀珍珠岩填充图

图4.7　LNG储罐模型示意图

多样性和复杂性，一般的振动台信号采集系统难以满足多种动态信号同步采集要求。大型LNG振动台模型试验一般采用多种类型信号输入的动态信号同步采集系统，应实现多通道动态信号、多通道数字信号的同步采集、回放和频谱分析等功能，并具有界面友好、使用维护方便等特点。

大型地震模拟振动台的振动频率上限一般为50Hz，对动态信号采集系统来说，这是一个超低频信号，考虑试验对象的振动频率会大于50Hz，系统的工作频率范围应远大于振动台的最高频率。为保证采样精度，系统最大采样频率设定为500Hz，实际的采样频率可根据模型试验对象的特点设定。

动态信号采集系统主要由信号采集卡、机箱、信号调理模块（含滤波、激励等）、数据采集软件等组成。结合振动台控制系统的特点，动态信号采集系统的总体流程如图4.8所示。为保证振动台模型试验输出信号的同步性，动态信号采集系统的同步参考信号由振动台控制器直接输入。为实现多种传感器信息的融合，信号调理单元的设计十分重要。动态信号采集系统一般根据试验中要用到的不同类型、不同型号传感器的特点和技术参数，选择动态信号采集系统的信号调理模块，

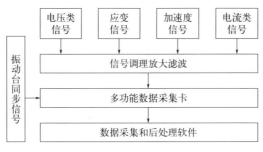

图4.8 动态信号采集系统的总体流程

这样易于匹配试验中遇到的各类传感器,且容易控制系统的成本、保证系统硬件的加工质量。

动态信号采集系统的软件由信号采集和离线分析两大模块组成。信号采集模块包括参数设置、实时采集、多信息监控、多通道信号的时频分析、大容量信号存储等功能;信号离线分析模块包括信号滤波、截取、时域分析、傅里叶(FFT)频域分析、数据格式转换与输出等功能。

动态信号采集系统的硬件包括:机箱及控制器、多通道多功能信号采集卡、前端信号调理模块、信号前端接线盒、信号转换模块。多功能信号采集卡具有模拟信号采集与输出、数字信号输入与输出、定时、计数等功能。信号采集部分包括多通道模拟信号输入、速度转换器、数字输入/输出(I/O)、模拟输出、数字触发。信号调理单元是动态信号采集系统的核心模块。不同类型、不同型号的传感器,输入信号的类型、大小和激励方式等也不同。可针对不同类型的传感器,设计不同的前端接线盒,其激励电源、桥路电阻等均由信号调理器提供,并在前端接线盒内对小信号进行预放大处理,以增强信号的抗干扰能力。

动态信号采集系统的软件分为数据采集模块和信号后处理模块,数据采集模块流程见图4.9。信号采集过程中数据可实时显示和保存,信号采集结束后,可以对其进行回放。数据采集软件整体结构采用"生产者-消费者"模式,将采集到的信号同步以tmds数据流格式存储,这既可以保证信号的完整性,又可以提高数据采集速度。数据采集软件的参数设置采用独立模块,通过属性节点设置。

动态信号采集系统应用在大型LNG储罐结构地震破坏机理系列振动台模型试验中,该系列模型试验需采集的数据有:加速度时程、孔隙水压力时程、位移时程、应力时程等。测量中使用的各类传感器的类型和激励信号方式见表4.2。在测量前,先利用振动台控制器产生振动信号,采用对比校核试验来对加速度和位移传感器信号进行系统标定。分别用水头差法和压力试验机对孔隙水压力计和土压

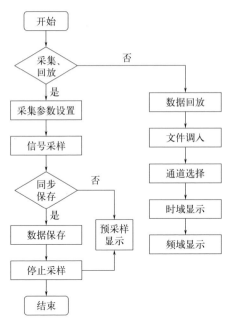

图4.9　数据采集模块流程

力计进行系统标定，用标准应变源对应变通道进行系统标定，得出各个传感器的系统标定系数，以保证该采集系统获得准确的传感器信号。

表4.2　动态信号采集系统测试所用的传感器

传感器类型	信号类型	激励信号
加速度计	电压	电流或电压
应变计	电桥	电压
土压力计	全桥应变	电压
位移计	电阻或电流	电流或电压
孔隙水压力计	电压或全桥应变	电压

在测量过程中，将各传感器连接到采集系统接口，设置各测量传感器的参数（如传感器编号、通道名称、输入电压、灵敏度和采样频率、数据文件名称等），以保证信号采集的正确性，同时便于对采集数据进行后处理。测量完成后，利用数据后处理软件，对以tmds数据流格式存储的数据文件进行信号转换、重采样、滤波、截取等一系列的信号处理，从而得到振动台模型试验中各测点的实际信号和信号分析结果。

4.4.4 非接触性静、动态位移测试

基于计算机视觉方法的非接触式位移测量已被公认为土木工程领域改进测量方法的关键组成部分，计算机视觉方法安全、灵活、高效、性价比高，有望代替传统的传感器系统，该方法主要对相机拍摄的被测结构视频进行目标追踪处理以得到测点在图像中的运动轨迹，再通过图像与现实世界的几何关系确定结构的位移信息。

（1）系统构成

基于计算机视觉方法的位移测量系统主要包括相机、镜头、标志物、计算机及处理软件。相机是结构图像信息的采集设备，数码相机在土木工程测量中占主要地位，数码相机可以将结构光学信号转换成数字信号，相机的性能如像元尺寸、动态范围、速度等会影响系统位移测量的性能。镜头是由一组或多组光学透镜组合而成的，它可以将光线汇聚到相机的光学传感器上以实现光电信号的转换。用作视觉位移测量系统的镜头包括多倍变焦镜头和定焦镜头，镜头的选择需要综合考虑相机传感器大小、相机分辨率、相机到测量点的距离、测点大小，尽量选择低畸变的镜头，减少畸变误差。标志物是视觉测量系统提高测量精度的关键，需要根据测量精度的要求选择合适的标志物，标志物包括人工标志物和天然标志物，人工标志物是人为设计的几何图案或者人工散斑，它为相机提供标定参考和位置信息，方便进行识别和定位，天然标志物是利用结构表面纹理特征作为标志物，如混凝土表面的坑洞、钢结构表面的铆钉、螺栓等，利用天然标志物作为追踪目标节省了设置人工标志物的成本，在一些不便安装人工标志物的应用中尤其重要，但是从测量精度上说，天然标志物不如人工标志物。总的来说标志物的选择要和应用的场景、使用的追踪算法等相匹配，才能达到较高的测量精度。

（2）位移计算方法

基于计算机视觉的结构位移测量系统通用框架如图4.10所示，主要为四个步骤，可根据应用场景、标志物、算法的不同进行相应调整。

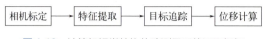

图4.10 计算机视觉结构位移测量系统通用框架

相机标定是为了找出三维世界坐标到二维图像坐标的对应关系，以实现从图像中各点到三维世界的转换，并且三维世界坐标在相机投影图像中会发生各种畸变，相机标定可以对畸变图像进行校正。相机标定需要估计相机的内外参数和畸

变系数，内参数和畸变系数由相机自身决定，外参数由相机的位置和方向决定，相机针孔模型见图4.11。

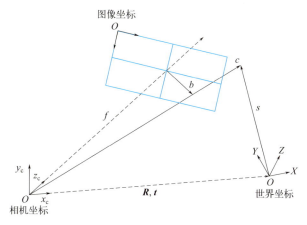

图4.11 相机针孔模型

三维世界中的坐标经过相机投影到二维图像坐标，称为透视变换，公式表达如下。

$$s\begin{bmatrix} x \\ y \\ 1 \end{bmatrix} = \begin{bmatrix} f_x & \gamma & c_x \\ 0 & f_y & c_y \\ 0 & 0 & 1 \end{bmatrix} \begin{bmatrix} r_{11} & r_{12} & r_{13} & t_1 \\ r_{21} & r_{22} & r_{23} & t_2 \\ r_{31} & r_{32} & r_{33} & t_3 \end{bmatrix} \begin{bmatrix} X \\ Y \\ Z \\ 1 \end{bmatrix} \quad (4.20)$$

简化表达为

$$s x = K[\boldsymbol{R} | \boldsymbol{t}] X \quad (4.21)$$

式中，s 为尺度因子；(x,y) 为图像中的坐标；(X,Y,Z) 为世界坐标；K 为相机内参数，表示物体从三维相机坐标到二维图像坐标的透视变换；内参数中 f_x 和 f_y 分别为镜头在横向和竖向的焦距；c_x 和 c_y 分别为主轴在横向和竖向的偏移量；r 为镜头斜度系数；R 和 t 均为相机外参数向量，分别代表物体从三维世界坐标到三维相机坐标的刚性转动和平移变换。

计算机视觉中常采用黑白棋盘进行相机标定，如张正友标定法。

图像特征是进行目标追踪的基础，运用计算机视觉方法进行位移测量时，在确定了测量条件并选择好标志物后需要进行图像特征选择和提取，方便后续选择相应的追踪算法。常用的图像特征及其适用条件如下：①灰度特征，直接采用灰度图像的灰度值或者彩色图像转化之后的灰度值；②特征点，提取图像中的角点或者关键点（一般为图像内较小的局部区域）作为局部特征点，并用数学语言进行表示，这种数学语言一般为向量，称为描述子；③梯度特征，对图像进行求导处理得到图像的梯度，并以此求解目标运动信息；④形状特征，将结构表面形状图案或人工标志物的形状作为追踪特征，如正方形、圆形、十字叉等；⑤颜色特征，只采用目标物的表观颜色模式作为追踪基础；⑥颜色或灰度直方图，对图像的颜色或者灰度值进行直方图统计，将统计结果作为追踪基础；⑦图像卷积块，通过对图像进行多次卷积提取卷积图，并以此作为追踪特征，目前这在结构位移测量中运用较少。

目标追踪是根据选定的图像特征对被测结构或其标志物进行位置追踪，以确定其在视频或者图像序列中每帧的位置，最终计算出其在图像中的运动情况，其主要有数字图像相关模板匹配、特征点匹配、全场光流、稀疏光流、几何匹配、粒子图像测速技术、颜色匹配和基于深度学习的目标追踪方法等。

通过图像追踪得到的是被测结构在图像中的位移，之后需要根据相机标定时采用的方法利用相机的内外参数或者尺度因子将被测结构在图像中的位移转换成现实世界中的实际位移。

4.4.5 光纤布拉格（Bragg）光栅应变测试

光纤光栅传感技术作为迅速发展的新型传感技术被广泛应用于振动台试验。光纤Bragg光栅是目前最成熟、应用最广泛的光纤光栅传感技术，与常规的应变监测手段相比，光纤Bragg传感器（FBG）传输数字信号，测量信号不受光源强度的影响。更为重要的是，当将多个不同波长的FBG串联在同一个光栅上时，各个FBG将只对自己特定波长的光波产生反射，互相之间不会干扰。因此，可以很方便地用一个波长检测系统同时将所有的FBG反射的Bragg波长变化清楚反映出来，即复用光纤光栅传感器对结构的多个应变量进行准分布式的测量。总的来说，光纤光栅传感器具有如下显著的优势：①波长移动的响应快，线性输出的范围宽；② 对环境干扰不敏感，能有效地防止外界噪声的干扰，且分辨率高，易于检测和信号的处理；③耐腐蚀性、耐久性优于传统传感器，更适合恶劣试验条件。

光纤Bragg光栅工作原理见图4.12。利用光纤材料的光敏性在纤芯内形成空间相位，光栅作用的实质为在纤芯内形成窄带滤波器或反射镜，使光在其中的传播行为得以改变与控制[3]，通过光谱分析反射光谱及透射光谱中心波长的改变量，根据标定关系间接获取目标测试物理量。大型振动台试验工况下，地震动引起光栅Bragg波长移位，导致光栅周期Λ变化，光纤本身具有的弹光效应使有效折射

率 n_{eff} 随外部地震动激励的改变而改变，光栅 Bragg 波长移位表达式为式（4.22）所示。

$$\lambda_B = 2n_{eff}\Lambda \tag{4.22}$$

式中，λ_B 为入射光通过光纤 Bragg 光栅反射的中心波长；Λ 为光栅周期；n_{eff} 为光纤纤芯针对自由空间中心波长折射率。

据已有研究[4]，光纤光栅弹光效应单位纵向应变引起的波长移位为 1.22 pm/με（με 为微应变），因此中心波长改变量与应变值标定关系换算关系为式（4.23）所示。

$$\varepsilon = \Delta\lambda_B \times 1000/1.22 \tag{4.23}$$

式中，ε 为应变值；$\Delta\lambda_B$ 为中心波长改变量。

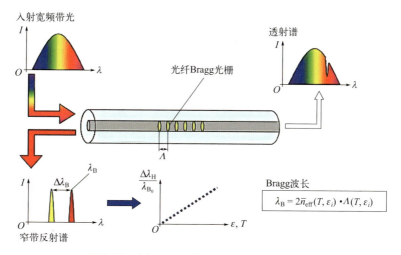

图 4.12 光纤 Bragg 光栅传感工作原理图

基于光纤光栅传感器在结构健康监测上表现出来的巨大优势，可以利用 FBG 对大型 LNG 储罐进行在线实时监测。光纤 Bragg 光栅应变监测系统如图 4.13 所示，振动引起的光纤 Bragg 光栅中心波长改变量信号，通过光纤传至动态光纤光栅传感解调仪中，将中心波长改变量转化成应变信号，解调后数据通过以太网实现与计算机终端数据传递。当 LNG 储罐正常运行时，沿光纤的应力分布图应趋于一个稳定的状态。当某一点的应变值达到所设定的上限值时，即 LNG 储罐该处损伤达到设定值时，通过光谱分析可以监测到损伤出现的部位以及受损的程度。通过进一步的系统评估，考虑该处损伤可能对整个系统稳定带来的权重值，可以实时地对整个 LNG 储罐监测系统进行分析，以采取及时有效的措施，达到对 LNG 储罐损伤防治的目的。

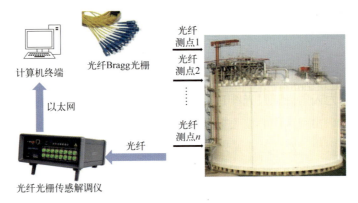

图 4.13　光纤 Bragg 光栅测试应变流程图

4.5　本章小结

试验方案是整个振动台模型试验的指南，通常是综合考虑试验场地、模型制作、试验加载和测量等条件的结果，本章系统性介绍了大型 LNG 储罐结构振动台试验中，缩尺模型设计量纲分析方法、振动台土箱的合理应用、实际模型的加工制作以及试验过程中动力测量方法，可为读者进行类似工程结构的振动台试验提供参考。

参考文献

[1] 张敏政. 地震模拟实验中相似律应用的若干问题 [J]. 地震工程与工程振动, 1997 (2):52-58.
[2] 张敏政, 孟庆利, 刘晓明. 建筑结构的地震模拟试验研究 [J]. 工程抗震与加固改造, 2003, (4):31-35.
[3] 李川, 张以谟. 光纤光栅：原理、技术与传感应用 [M]. 北京：科学出版社, 2005.
[4] 王惠文. 光纤传感技术与应用 [M]. 北京：国防工业出版社, 2001.

5 地下 LNG 储罐结构抗震振动台试验研究

5.1 研究目的与研究内容

在考虑土与结构动力相互作用的分析研究中，最大的困难是缺少地震发生时结构体系地震响应的实测数据验证。因此，能够真实考虑土与结构动力相互作用的振动台试验是当前研究地下结构地震反应应用最多的方法之一。通过对模型动力相似关系和边界合理的试验模拟，可以深入考察土与结构体系的地震反应规律，获得结构的动力响应特性，分析土与结构动力相互作用的影响，为建立有效的数值分析方法提供验证数据，为工程项目实践提供有力的模拟试验支撑。

地上大型储罐的地震响应试验屡见不鲜，本试验则专注于全地下LNG储罐的地震响应。由此本书按照1/60相似比设计了全地下LNG储罐振动台缩尺模型。通过开展不同液位状态、不同激励方向和不同频谱特性的地震动等工况下的振动台试验研究，对比分析了不同工况下全地下LNG储罐的加速度响应土体的加速度响应以及土-储罐动力相互作用机理。

5.2 全地下LNG储罐振动台试验设计

5.2.1 相似系数计算

由于结构尺寸比例较小，满足重力相似较为困难。对于开展的振动台试验，水平地震作用对模型系统的动力响应影响远比重力效应引起的影响大。模型相似设计除了对结构模型考虑一定附加质量以更合理地模拟结构的地震惯性力外，在设计时地基土和结构模型应尽量遵循相同的相似条件。因此，本试验模型的相似系数确定是在综合考虑振动台设备能力、模型材料制作水平、环境因素等影响下，主要保证弹性恢复力与惯性力的弹性相似关系，以尽可能获得模型系统的地震动响应。根据上述弹性力相似的设计原则，在考虑振动台承载能力、台面尺寸等试验能力的基础上，另考虑结构缩尺模型的制作工艺和制作精度，确定本试验模型的整体几何比例因数λ为1/60。原型结构材料为钢和混凝土，模型结构内罐采用铁皮，外罐及穹顶采用微粒混凝土制作。参考微粒混凝土的相关试验结果，模量相似系数约为$\lambda_E=1/4$，其密度相似系数λ_ρ约为1。模量与密度相似系数确定为$\lambda_E=1/4$、$\lambda_\rho=1$。

根据弹性相似关系$\lambda_E=\lambda_\rho\lambda_a$要求，依据量纲分析原理，试验的相似系数设计是

在几何相似系数 λ、密度相似系数 λ_ρ、模量相似系数 λ_E 3 个基本参量的基础上，推求其他物理量的相似关系，见表 5.1。

表 5.1 振动台试验模型相似系数

类型	参数	相似关系	比例因数
几何特征	长度	λ	1/60
	位移	λ_u	1/60
材料特征	密度	λ_ρ	1
	质量	λ_m	1/216000
	弹性模量	λ_E	1/4
	应变	λ_ε	1
	应力	λ_σ	1/4
动力特征	时间	λ_t	1/30
	加速度	λ_a	15
	力	λ_F	1/14400
	频率	λ_ω	30

5.2.2 模型制作

上部结构主要由混凝土穹顶、混凝土外罐、钢内罐、混凝土底板等 4 部分组成。依照上述相似关系的阐述，上部结构总高度 1.046m。混凝土穹顶矢高 0.196m、曲率半径 0.1467m，并且分为内外两层，配有一定量的钢筋。混凝土外罐高 0.85m、外径 0.1496m、内径 0.1466m，配有钢筋。钢内罐高 0.726m、侧壁内径 0.1433m，由弹性模量为 206GPa 的铁皮制作而成，厚度 0.0007m。混凝土底板厚度 0.067m，直接坐落在基岩上，并对称布置 4 组暗梁，每组 3 根钢筋，钢筋端部布置 4 个吊环，便于试验模型的吊装。混凝土结构均使用 C50（立方体试样抗压强度标准值为 50MPa 的混凝土）微粒混凝土浇筑。

试验土由地基土、覆土两部分组成。地基土取自张家口某民用建筑的强风化板岩，深度 0.32m，人工去除大粒径石块，并用孔径 2cm 的人工筛进行筛取。覆土则采用某场地粉质黏土，深度 0.82m，塑性指数为 12.7。为保证土体的密实性，进行分层装填和人工夯实。地基土和覆土填筑完成后分别取土样测其参数。

在该试验中，需要采用一个能够盛装结构模型与地基土体的试验箱容器。试验箱净尺寸为：3.2 m（纵）×2.4 m（横）×3.0 m（竖），由层状框架、限位装置、底板、滑轮装置以及其他零部件组成；试验箱采用多层（最多23层）相互独立的层状矩形钢管框架叠合拼装而成，每层框架由4根尺寸为120 mm×60 mm×4 mm的矩形钢管焊接而成，两层框架之间设置外径约60 mm的轴承，形成可以自由滑动的支撑点，框架层间间隙为10 mm；为防止层状框架发生过大幅度的位移，保证试验的安全和结果的准确，在每层框架的梁上均设有限位装置；为约束不同地震工况下框架的振动方向，按需在垂直于平面变形方向上设置限位框架，以保证试验箱仅发生顺振动方向的单向水平位移。试验箱通过在水平层状框架间以及限位框架与水平层状框架间设置滚动轴承，以尽量减少部件之间的摩擦阻力，各层状框架之间可以自由地产生水平变形，对地基土的剪切变形约束小，同时大幅减小箱体边界对地震波的反射。试验箱见图5.1。在盛装土体时，为防止土颗粒由框架部件间隙泄漏，试验箱内壁贴置塑料薄膜内衬，见图5.2。

图5.1　层状剪切试验箱

图5.2　内置薄膜

考虑原型结构的施工特点及受力特点，将结构模型拆分为混凝土穹顶、混凝土罐壁、混凝土底板、钢内罐（含钢内罐的底板）等4个部分，此外还包括基岩和覆土部分。实际制作模型时，采用分步骤成型的方法，逐个制作模型部件，按步骤拼接安装。首先制作钢内罐，应保证钢内罐不漏水。其次制作混凝土底板的木质模板，架立混凝土底板钢筋，预埋与钢内罐连接的预埋件，预留混凝土底板与混凝土侧壁的焊接筋，进行混凝土底板的浇筑。然后架立混凝土侧壁钢筋，并进行浇筑，用于与混凝土穹顶的连接。紧接着制作混凝土穹顶并与混凝土外罐进行连接。然后需要在剪切箱内填土，使基岩成型。最后分层装填周围覆土，模型制作完成，详细步骤见图5.3。

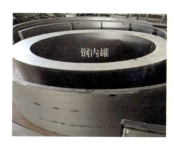

图5.3 模型制作

最后依次将其组装即可。组装后模型二维平面图见图5.4。

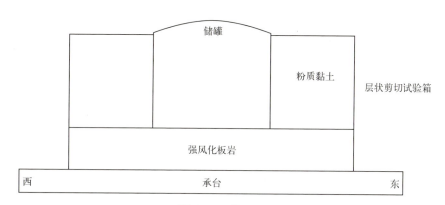

图5.4 二维平面图

5.2.3 测量方案

传感器的布线原则：土体中的传感器沿中线经水平走线至试验箱边界（北侧，由北至中；西侧，由西至中；南侧，由南至中；东侧，由东沿中线水平至试验箱东边界），然后竖向引线；结构外表面的传感器沿侧壁向上走线出地面，在穹顶表面汇总。

  试验中在钢内罐的顶部东西侧各布置了1个激光位移计，以测量钢内罐与混凝土外罐之间的相对位移；在土体中、层状剪切试验箱内、储罐上都设置了一定数量的加速度计，用来测量其不同高程处的加速度响应。在罐体与土体接触部位、储罐下的基岩接触面进行了土压力计的布置，以观察罐-土相互作用的机理。在距离钢内罐底部合适位置布置了一个水压力计，以测量罐内有液体情况下的动水压力。图5.5、图5.6分别是土箱中和罐体上的测点布置位置。

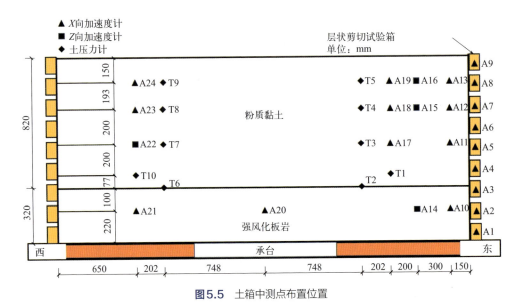

图5.5 土箱中测点布置位置

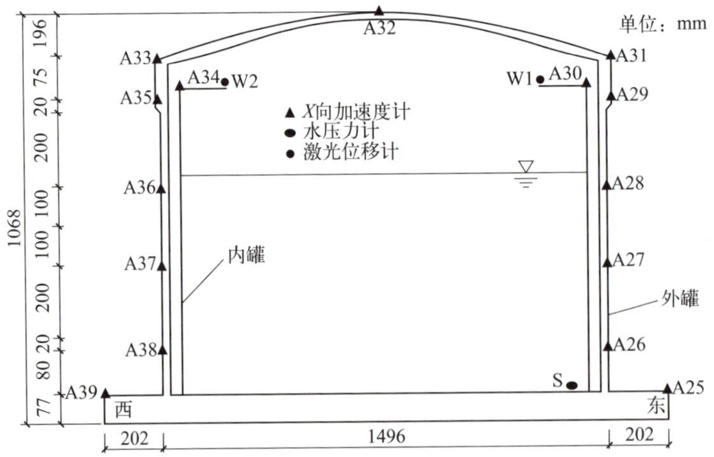

图5.6 罐体测点布置位置

5.2.4 加载方案

在振动台上开展全地下LNG储罐试验,研究全地下LNG储罐结构在空罐和满罐下不同工况的结构响应以及与土体的相互作用。因此,分别输入X向和$X+Z$向的El-Centro波以及X向安评波,并且按照0.25g、0.75g、1.25g的顺序逐级加载,其加速度时程和傅里叶谱曲线见图5.7。在一组工况开始前选取加速度峰值0.05g的白噪声进行扫频,从而可以获取该结构体系在每一工况开始和结束时的自振频率和阻尼比等动力特性。具体的全地下LNG储罐试验加载方案见表5.2。

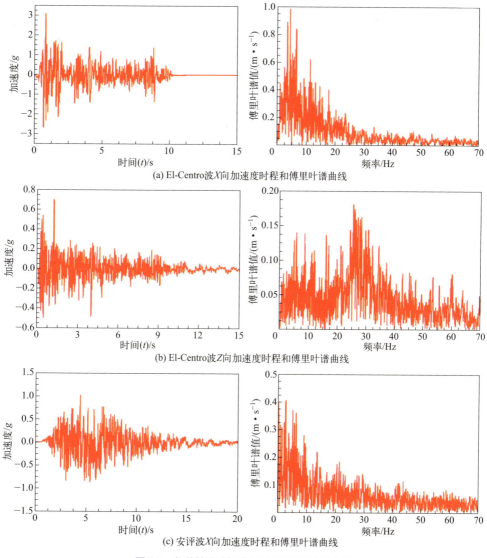

图5.7 加载地震动加速度时程和傅里叶谱曲线

表5.2 加载工况

工况顺序	输入地震动	加速度峰值/g	振动方向	液位
	土体剪切波速测量（Ⅰ）			
	白噪声(1)	0.05		
1	El-Centro 波	0.25	X 向	空罐
2	安评波	0.25	X 向	空罐
	土体剪切波速测量（Ⅱ）			
	白噪声(2)	0.05		
3	El-Centro 波	0.25	X 向	满罐
4	安评波	0.25	X 向	满罐
5	El-Centro 波	0.25	$X+Z$ 向	满罐
	白噪声(3)	0.05		
6	El-Centro 波	0.75	X 向	满罐
7	安评波	0.75	X 向	满罐
8	El-Centro 波	0.75	$X+Z$ 向	满罐
	土体剪切波速测量（Ⅲ）			
	白噪声(4)	0.05		
9	El-Centro 波	0.75	X 向	空罐
10	安评波	0.75	X 向	空罐
	白噪声(5)	0.05		
11	El-Centro 波	1.25	X 向	空罐
12	安评波	1.25	X 向	空罐
	土体剪切波速测量（Ⅳ）			
	白噪声(6)	0.05		
13	El-Centro 波	1.25	X 向	满罐
	白噪声(7)	0.05		
14	安评波	1.25	X 向	满罐
	白噪声(8)	0.05		
15	El-Centro 波	1.25	$X+Z$ 向	满罐
	白噪声(9)	0.05		
	土体剪切波速测量（Ⅴ）			

5.3 全地下LNG储罐振动试验分析

5.3.1 试验现象

分析试验过程中观察到的主要宏观现象可以与传感器测试数据得到的结果相互验证。宏观试验现象与模型结构特征是随加载级数的增加而逐步体现的。根据主要宏观现象特征的不同按照地震输入强度的不同来分级描述。

在台面输入加速度峰值较小（0.25g）时，整体模型的动力响应相对较小，宏观试验现象表现不明显，振动荷载下往复变形基本可以回复原位，模型基本处于弹性状态。罐内液面波高约5 cm，呈现明显的东西向（主震方向）周期波动。当输入的地震动加速度峰值增大(0.75g、1.25g)时，地基土的塑性变形逐渐增大，整个结构晃动剧烈，有水溢出现象。

5.3.2 自振特性分析

为获得试验模型系统的结构动力特性，本试验共进行9次白噪声扫频测试，表5.3、表5.4分别列出了白噪声扫频时空罐、满罐状态下试验模型的一阶自振频率和阻尼比。当振动台台面输入加速度峰值增大时，空罐时结构的自振频率由17.3Hz降至15.8Hz，阻尼比由5.2%升至5.4%；满罐时结构的自振频率由17.3Hz降至14.1Hz，阻尼比由5.2%升至5.7%。说明不论空罐还是满罐，随着输入地震动加速度峰值的增大，同时在多工况的累积作用下，地基土塑性变形加大，显现出越来越明显的非线性特征。

表5.3 空罐自振特性

工况号	f/Hz	ξ/%
白噪声（1）	17.3	5.2
白噪声（4）	16.4	5.4
白噪声（5）	15.8	5.4

注：f和ξ分别为空罐状态下模型一阶自振频率和阻尼比。

表5.4 满罐自振特性

工况号	f/Hz	ξ/%
白噪声（2）	17.3	5.2
白噪声（3）	17.1	5.2

续表

工况号	f/Hz	ξ/%
白噪声(6)	15.1	5.4
白噪声(7)	14.6	5.4
白噪声(8)	14.1	5.4
白噪声(9)	14.1	5.7

注：f和ξ分别为满罐状态下模型一阶自振频率和阻尼比。

表5.5给出了各工况下土体表层的剪切波速。参考均匀单层土进行场地分析，土层基本周期公式为式(5.1)所示。

$$T = \frac{4H}{v_s} \tag{5.1}$$

式中，T为土层基本周期；H为场地厚度；v_s为土体的剪切波速。

由于周期和频率存在倒数关系，频率与剪切波速的关系，见式(5.2)。

$$f = \frac{v_s}{4H} \tag{5.2}$$

由上述公式可以求得频率为14.1~17.3Hz，空罐与满罐试验模型系统的自振频率均在上述范围内。由此可以说明，场地地层的地震响应特性对模型系统的频率发挥了明显作用。

表5.5 土体表层剪切波速

工况号	土体表层剪切波速/(m/s)
剪切波速测量(Ⅰ)	76.89
剪切波速测量(Ⅱ)	72.12
剪切波速测量(Ⅲ)	73.07
剪切波速测量(Ⅳ)	72.93
剪切波速测量(Ⅴ)	64.14

5.3.3 罐体的加速度放大效应

图5.8给出了测点A25~A31在El-Centro波X向激励下，空罐和满罐时不同激振级别罐体在不同高程处（定义0mm高程位于振动台台面处）的加速度峰值和加速度放大系数。定义高程为0mm时为振动台台面，以及各监测点加速度峰值与振动台输入地震动峰值的比值为罐体各测点的加速度放大系数。

如图5.8(a)、(b)所示，空罐时罐体相同测点加速度峰值随激振级别的增大而增大，而加速度放大系数整体上呈降低趋势。激振级别是0.25g时，除了测点A31

外，加速度放大系数均明显大于1。激振级别增大至0.75g时，加速度放大系数均略大于1。当激振级别为1.25g时，除测点A25外，加速度放大系数均小于1。由图5.8(c)、(d)可知，满罐时罐体加速度峰值和加速度放大系数变化趋势与空罐时基本一致，即相同测点加速度峰值随激振级别的增大而增大，而加速度放大系数整体上呈降低趋势。激振级别是0.25g时，加速度放大系数均远大于1。激振级别增大至0.75g时，加速度放大系数均略大于1。当激振级别为1.25g时，除测点A29、A31外，加速度放大系数均小于1。这表明不论空罐还是满罐，罐体在小震下处于弹性状态，刚度较大。随着激振级别增大，罐体逐渐进入弹塑性状态并且产生了不可恢复的微变形，刚度严重退化。

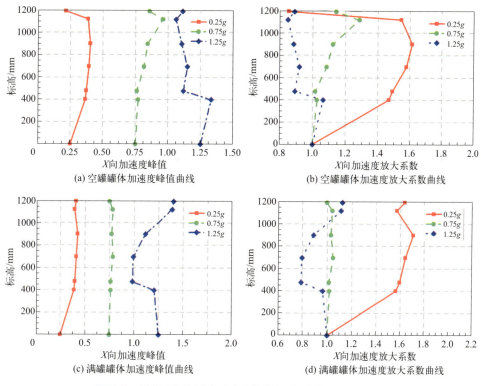

图5.8 空罐和满罐罐体加速度峰值曲线和加速度放大系数曲线

图5.9给出了不同地震动激励、不同激振级别下罐体不同高程处的加速度放大系数对比曲线，由于篇幅有限，仅以空罐状态进行分析。其中E为El-Centro波的缩写，A为安评波的缩写，下文中均以此方式定义。如图5.9所示，当激振级别为0.25g时，二者加速度放大系数基本均大于1，但总体上E波激励下加速度放大系

数高于A波。当激振级别为0.75g时，E波加速度放大系数均略大于1，A波加速度放大系数均略小于1，E波激励下加速度放大系数仍高于A波。当激振级别为1.25g时，E波加速度放大系数基本小于1，A波加速度放大系数则大于1，E波激励下加速度放大系数低于A波。这表明空罐时两种不同地震动激励下罐体均由弹性状态逐渐进入弹塑性状态，其中A波激励时罐体进入弹塑性状态早于E波，并且激振级别较大时，A波激励下罐体惯性作用增大。综上表明不同频谱特性的地震动对罐体的加速度响应不同。因此，工程实践中需要综合考虑不同地震动对全地下LNG储罐的影响。

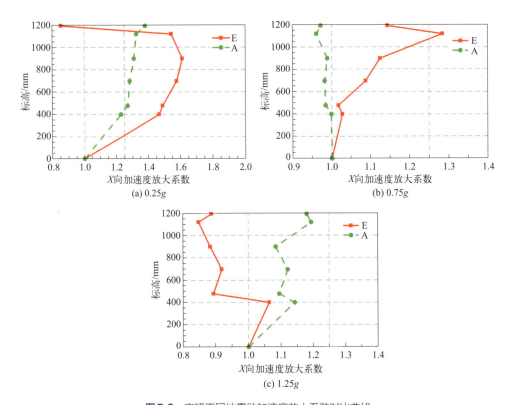

图5.9 空罐不同地震动加速度放大系数对比曲线

表5.6列出了E波X向和$X+Z$向激励时，满罐状态下罐体不同高程处的加速度放大系数。由表5.6可知，当激振级别为0.25g时，变化率均大于或等于0；当激振级别为0.75g时，罐体中下部变化率小于0，中上部则与之相反；当激振级别为1.25g时，变化率均大于0。可以看出，当附加Z向激励时，罐体加速度放大系数较单向激励下基本有所增大，进一步表明附加Z向激励会增大罐体的加速度响应。

表5.6 满罐不同激励方向罐体加速度放大系数

激励方向		X	X+Z	
激振级别 /g	高程 /mm	加速度放大系数	加速度放大系数	变化率 /%
0.25	397	1.56	1.59	2.18
	477	1.59	1.59	0.00
	697	1.64	1.71	4.27
	897	1.71	1.76	2.92
	1117	1.57	1.58	0.64
	1192	1.03	1.67	62.14
0.75	397	1.02	0.98	−3.92
	477	1.02	0.98	−3.92
	697	1.05	1.01	−3.81
	897	1.03	1.07	3.88
	1117	1.04	1.25	20.19
	1192	1.00	1.13	13.00
1.25	397	0.96	0.98	2.08
	477	0.79	0.95	20.25
	697	0.79	0.94	18.99
	897	0.89	0.90	1.12
	1117	1.11	1.25	12.61
	1192	1.12	1.29	15.18

注：变化率=[(X+Z向激励加速度放大系数 − X向激励加速度放大系数)×100%]/X向激励加速度放大系数。

5.3.4 土体的加速度放大效应

图5.10给出了测点A10～A13在E波X向激励时，空罐和满罐状态下不同激振级别土体不同高程处的加速度峰值和加速度放大系数。定义高程同5.3.3。

由图5.10可知，空罐状态下土体加速度峰值随着激振级别的增大而增大，而加速度放大系数随激振级别的增大整体呈先减小后增大趋势。当激振级别为0.25g时，加速度放大系数随高程的增加而增大，加速度放大系数均大于1；激振级别增大至0.75g时，加速度放大系数随高程的增加先减小后增大，加速度放大系数出现多个测点小于1的现象；然而当地震动增加至1.25g时，加速度放大系数均大于

1并且趋向于一条"直线"。满罐状态下土体加速度峰值和加速度放大系数总体变化趋势与前面一致，即随着激振级别的增大而增大，加速度放大系数随激振级别的增大整体呈现先减小后增大趋势。具体来看，激振级别为0.25g时，加速度放大系数均大于1并呈现"S"形变化，即表现为先增大再减小然后增大的趋势；激振级别增大至0.75g时，加速度放大系数随高程的增加而先减小后增大，加速度放大系数出现多个测点小于1的现象；然而当地震动增加至1.25g时，加速度放大系数均大于1并且随着高程的增加逐渐增大。这表明，不论空罐还是满罐，当激振级别较小时，土体处于弹性工作状态，地震动由底部向上传递会有显著的放大效应。随着激振级别的增大，土体由弹性工作状态进入弹塑性工作状态，非线性特征明显。当激振级别进一步增大时，土体变软。

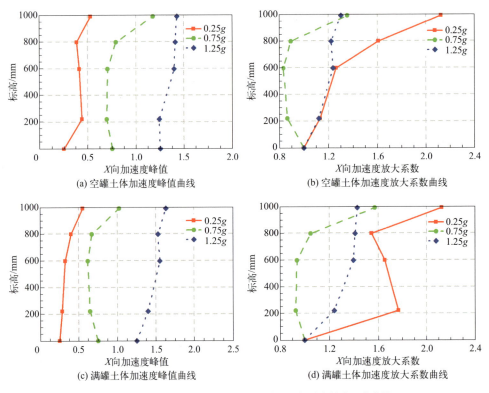

图5.10 空罐和满罐土体加速度峰值曲线和加速度放大系数曲线

图5.11为测点A11~A13在El-Centro波激励下，0.25g、1.25g激振级别下空罐和满罐土体不同高程处的加速度反应谱曲线。如图5.11所示，不论空罐、满罐状态加速度反应谱峰值均随着高程的增加而增大；激振级别增大时，加速度峰值反应谱峰值均明显增大。激振级别为0.25g时，不同高程处的测点加速度反应谱峰值

基本出现在同一时间；而激振级别为1.25g时，土体不同深度处反应谱的卓越周期影响范围均变广，多峰值现象明显。这表明不同液位状态下，大震时土体均出现软化现象。

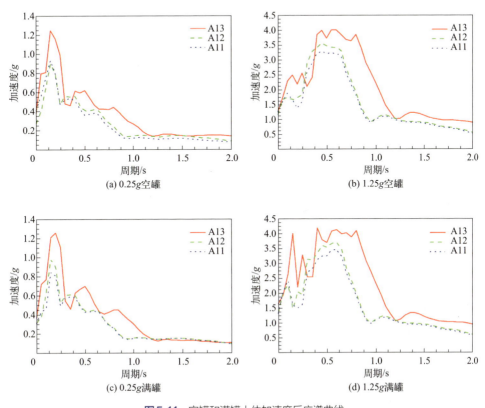

图5.11 空罐和满罐土体加速度反应谱曲线

表5.7是满罐时X向和X+Z向分别激励下土体不同高程处的加速度放大系数。当激振级别为0.25g时，附加Z向激励加速度放大系数随着高程的增加而逐渐增大，地表处的放大效应最大。与单向激励相比，双向激励时加速度放大系数在粉土底部和地表处增大，但在粉土中部减小。当激振级别为0.75g时，附加Z向激励加速度放大系数随着高程的增加呈现先减小后增大的趋势，地表处放大现象最为明显。双向激励时加速度放大系数均高于单向激励。当激振级别为1.25g时，双向激励下加速度放大系数随高程的增加先增大后减小，地表处的放大系数仍是最大。与单向激励相比，双向激励作用效果与0.25g相似。这表明与单向激励相比，附加Z向激励时加速度放大系数在各激振级别下的变化有所不同，但在粉土底部和地表处放大效应接近甚至加强。

表5.7 满罐时不同激励方向土体不同高程处的加速度放大系数

激励方向		X	X+Z	
激振级别 /g	高程 /mm	加速度放大系数	加速度放大系数	变化率 /%
0.25	220	1.13	1.21	7.08
	597	1.26	1.21	−4.00
	797	1.61	1.59	−1.24
	990	2.13	2.32	8.92
0.75	220	0.87	1.17	34.48
	597	0.83	1.10	32.53
	797	0.89	1.08	21.35
	990	1.35	1.58	17.04
1.25	220	1.12	1.16	3.57
	597	1.24	1.14	−8.06
	797	1.22	1.20	−1.64
	990	1.30	1.27	−2.31

注：变化率=[(X+Z向加速度放大系数 − X向加速度放大系数)×100%]/X向加速度放大系数。

5.3.5 地基土对不同地震动的滤波效应

图5.12是空罐时不同地震动激励、不同激振级别下土体不同高程处的傅里叶谱变化曲线。可以看出当激振级别为0.25g时，两种地震动的傅里叶谱形状相似，主频范围主要集中在0～20Hz。当激振级别增大至0.75g时，两种地震动的傅里叶谱形状相似度增大，主频范围向低频持续转移，主要集中在0～10Hz，高频部分土体滤波明显。当激振级别为1.25g时，两种地震动的傅里叶谱形状相似度最高，主频范围继续向更低频处转移，土体对高频部分的滤波更加显著。这表明空罐时随着地震动级别的增大，两种地震动的傅里叶谱形状愈相似，主频范围呈现由高频向低频转移的趋势，土体对高频滤波效果越好。

表5.8列出了空罐时不同地震动激励、不同激振级别下土体中各测点的卓越频率。由表5.8可知，两种地震动的卓越频率均随着激振级别的增大有所增大，均随高程的增加逐渐增大，地表处的卓越频率增大最为明显。各激振级别下，E波的卓越频率均小于A波。这表明土体对不同频谱的地震动放大效应不同，并且地表处放大效应普遍较高，土体对E波滤波效应更好。

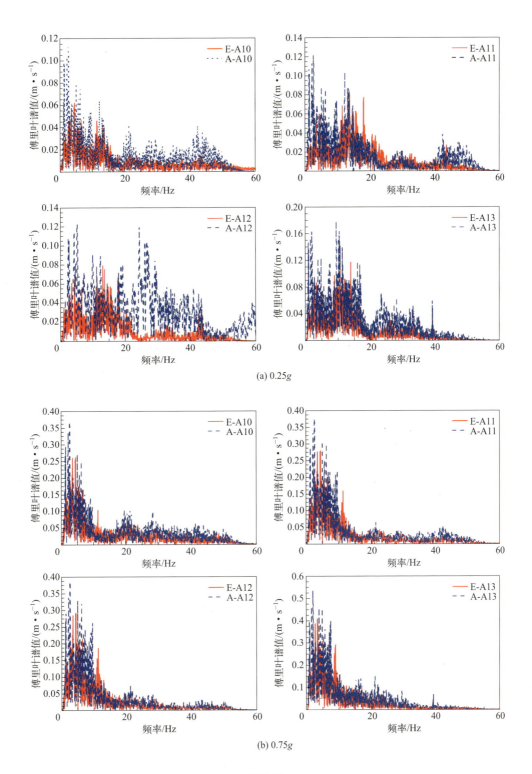

图 5.12

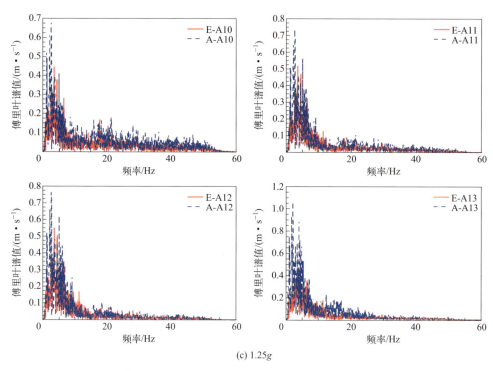

(c) 1.25g

图5.12 空罐时不同地震动土体中测点傅里叶谱曲线

表5.8 空罐不同地震动土体各测点卓越频率

激振级别 /g	测点编号	高程 /mm	地震动类型	卓越频率 /Hz
0.25	A10	220	E波	0.06
			A波	0.11
	A11	597	E波	0.08
			A波	0.12
	A12	797	E波	0.08
			A波	0.12
	A13	990	E波	0.23
			A波	0.28
0.75	A10	220	E波	0.26
			A波	0.37
	A11	597	E波	0.28
			A波	0.38

续表

激振级别 /g	测点编号	高程 /mm	地震动类型	卓越频率 /Hz
0.75	A12	797	E波	0.29
			A波	0.39
	A13	990	E波	0.41
			A波	0.54
1.25	A10	220	E波	0.44
			A波	0.68
	A11	597	E波	0.52
			A波	0.73
	A12	797	E波	0.55
			A波	0.76
	A13	990	E波	0.55
			A波	1.06

图 5.13 是满罐时不同地震动激励、不同激振级别下土体不同高程处的傅里叶谱变化曲线。可以看出当激振级别为 0.25g 时，两种地震动的傅里叶谱形状相似，主频范围主要集中在 0~10Hz。当激振级别增大至 0.75g 时，两种地震动的傅里叶谱形状相似度较空罐有所增大，主频范围向更低频转移，主要集中在 0~5Hz，高频部分土体滤波明显。当激振级别为 1.25g 时，满罐条件下两种地震动的傅里叶谱形状相似度最高，且比空罐下还要高，主频范围相较于空罐条件下向更低频处转移，土体对高频部分的滤波更加显著。这表明满罐时随着地震动级别的增大，两种地震动的傅里叶谱形状愈相似，相较于空罐，主频范围呈现由高频向更低频转移的趋势，土体对高频滤波效果更好。

表 5.9 列出了满罐时不同地震动激励、不同激振级别下土体中各测点的卓越频率。由表 5.9 可知，满罐状态下两种地震动的卓越频率也均随着激振级别的增大有所增大，随高程的增加逐渐增大，地表处的卓越频率增长最为明显。各激振级别下，E 波的卓越频率均小于 A 波。这表明满罐状态下土体对不同频谱的地震动放大效应不同，与空罐相似，并且土体对 E 波滤波效应更好，地表处放大效应普遍较高。

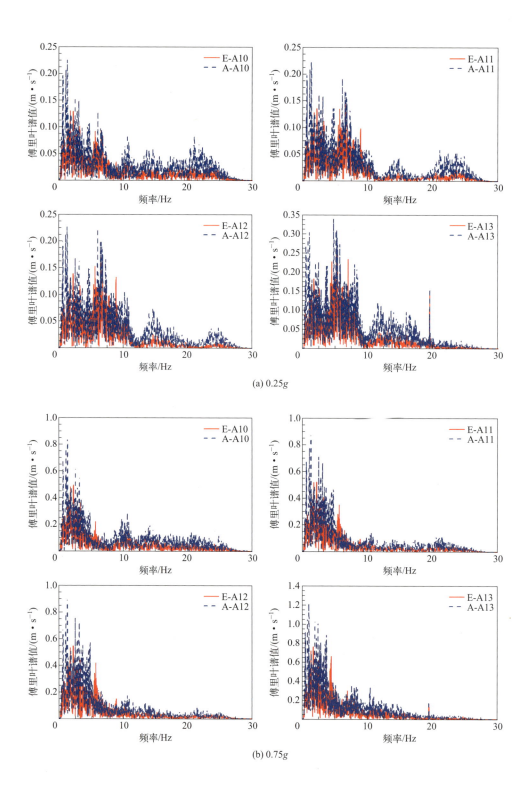

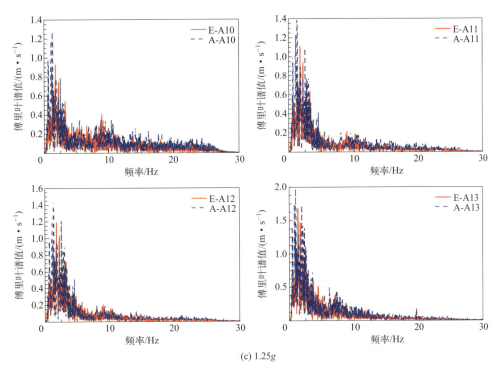

(c) 1.25g

图5.13 满罐时不同地震动土体中测点傅里叶谱曲线

表5.9 满罐时不同地震动土体各测点卓越频率

激振级别 /g	测点编号	高程 /mm	地震动类型	卓越频率 /Hz
0.25	A10	220	E波	0.13
			A波	0.23
	A11	597	E波	0.14
			A波	0.22
	A12	797	E波	0.17
			A波	0.23
	A13	990	E波	0.26
			A波	0.34
0.75	A10	220	E波	0.49
			A波	0.84
	A11	597	E波	0.52
			A波	0.88
	A12	797	E波	0.54
			A波	0.90
	A13	990	E波	0.76
			A波	1.22

续表

激振级别/g	测点编号	高程/mm	地震动类型	卓越频率/Hz
1.25	A10	220	E波	0.93
			A波	1.27
	A11	597	E波	1.11
			A波	1.38
	A12	797	E波	1.18
			A波	1.44
	A13	990	E波	1.67
			A波	1.97

图 5.14 是选取 T2~T5 测点,其在 E 波激励时不同激振级别下空罐和满罐土压力不同高程处的变化曲线。如图 5.14 所示,不论空罐还是满罐状态,土压力均随着激振级别的增大有所增大。土压力随着高程的增大则是先减小后增大。这是因为地震激励时,罐体底部与强风化板岩紧密接触,罐体底部土压力最大;随着高程增大至约 600mm 时,此时罐体周围皆为粉质黏土,粉土强度较低,地震动激励导致土体罐体接触较松,土压力骤降;随着高程的继续增大,惯性作用使罐体上部随两侧土体晃动,有剪切变形,土体罐体接触随着高度增加更加紧密,因此上压力又持续增大。

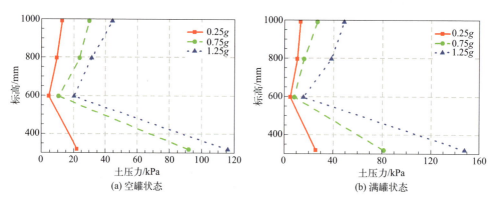

图 5.14 不同激振级别土压力变化曲线

表 5.10 列出了 E 波 X 向和 $X+Z$ 向激励时,满罐状态下土压力不同高程处具体数值的对比。可以看出,各激振级别下,附加 Z 向激励土压力均随着高程呈现先减小后增大趋势。当激振级别为 0.25g 时,附加 Z 向激励后,变化率基本为正值。当激振级别为 0.75g 时,附加 Z 向激励后的土压力均为正值,并且增长明显。当激

振级别为1.25g时，附加Z向激励后变化率基本小于0。这表明小震时，附加Z向激励后导致土压力增大，罐土出现紧密接触现象；随着激振级别的增大，土压力大幅度增长，罐土接触紧密程度变高；大震时随着土体变软，附加Z向激励土压力呈降低趋势，罐土接触变松。

表5.10 满罐时不同激励方向土压力对比

激励方向	高程 /mm	X 土压力 /kPa	$X+Z$ 土压力 /kPa	变化率 /%
激振级别/g				
0.25	320	25.49	25.96	1.84
	597	4.66	4.58	−1.72
	797	10.61	11.21	5.66
	990	13.06	13.27	1.61
0.75	320	81.41	109.09	34.00
	597	8.02	12.74	58.85
	797	15.84	25.23	59.28
	990	26.55	30.42	14.58
1.25	320	147.76	144.81	−2.00
	597	15.60	15.49	−0.71
	797	38.32	43.37	13.18
	990	48.90	42.15	−13.80

注：变化率=[($X+Z$向土压力 − X向土压力)×100%]/X向土压力。

5.3.6 土-全地下LNG储罐流固耦合效应

表5.11给出了E波X向激励时，空罐和满罐状态下罐体不同高程处的加速度放大系数具体数值对比。可以看出，当激振级别为0.25g时，罐中盛装满液体导致罐体加速度放大效应增大，罐体的地震响应程度增大。当激振级别为0.75g时，满罐时罐体加速度放大效应反而降低，这可能是流固耦合效应的具体体现。当激振级别为1.25g时，罐体中下部加速度放大效应减小，罐体中上部加速度放大效应增大，考虑是因为大震下土体变软，罐体质量的增加导致罐体中上部惯性作用增大，进一步导致加速度放大现象明显。

表5.11 空罐和满罐罐体加速度放大系数对比

液位状态		空罐	满罐	
激振级别/g	高程/mm	加速度放大系数	加速度放大系数	变化率/%
0.25	397	1.47	1.56	6.12
	477	1.49	1.59	6.71
	697	1.58	1.64	6.00
	897	1.61	1.71	6.21
	1117	1.54	1.57	1.95
	1192	0.85	1.03	21.18
0.75	397	1.03	1.02	−0.97
	477	1.02	1.02	0.00
	697	1.09	1.05	−3.67
	897	1.12	1.03	−8.04
	1117	1.28	1.04	−18.75
	1192	1.14	1.00	−12.28
1.25	397	1.06	0.96	−9.43
	477	0.89	0.79	−11.24
	697	0.92	0.79	−14.13
	897	0.88	0.89	1.14
	1117	0.85	1.11	30.59
	1192	0.89	1.12	25.84

注：变化率=[(满罐加速度放大系数−空罐加速度放大系数)×100%]/空罐加速度放大系数。

表5.12给出了E波X向激励时，空罐和满罐状态下土压力不同高程处的具体数值的对比。当激振级别为0.25g时，满罐状态下土压力基本大于空罐状态；当激振级别为0.75g时，满罐状态下的土压力均小于空罐状态；当激振级别为1.25g时，变化率基本为正值，相比于空罐状态土压力有所增大。这表明小震时罐内盛装满液体后促使罐体与周围土体接触更加紧密；中震时流固耦合效应明显，土体非线性程度变高，满罐状态下罐土分离现象更加显著；大震时，土体变软，自重增加后罐体惯性作用明显，紧密接触周围土体并随之发生剪切晃动。

表5.12 空罐和满罐土压力大小对比

液位状态		空罐	满罐	
激振级别 /g	高程 /mm	土压力 /kPa	土压力 /kPa	变化率 /%
0.25	320	22.46	25.49	13.49
	597	4.69	4.66	−0.64
	797	9.53	10.61	11.33
	990	12.63	13.06	3.40
0.75	320	92.20	81.41	−11.70
	597	10.69	8.02	−24.98
	797	23.96	15.84	−33.89
	990	30.15	26.55	−11.94
1.25	320	116.02	147.76	27.35
	597	20.34	15.60	−23.30
	797	31.68	38.32	20.96
	990	44.39	48.90	10.16

注：变化率=[(满罐土压力 − 空罐土压力)×100%]/空罐土压力。

5.4　本章小结

本章针对相似系数1/60的全地下LNG储罐缩尺模型开展振动台试验研究。根据相似理论对全地下LNG储罐进行精细设计，保证模型满足相似关系。分别输入X向和$X+Z$向的El-Centro波和安评波，并依据储罐不同液位状态等设计了多个试验工况。通过分析罐体和土体的加速度响应、土体对不同地震动的滤波效应、罐-土相互作用和罐-储液的流固耦合效应，得出了一系列结论。

① 不论空罐状态还是满罐状态，随着激振级别的增大罐体均由弹性状态进入弹塑性状态，刚度退化，会产生不可恢复的微变形。土体也由弹性状态进入弹塑性工作状态，非线性增强，土体不断软化。

② 罐体底部与强风化板岩紧密接触，土压力达到最大，罐体周围均为粉质黏土，土压力出现骤降现象，随着土体增高以及罐体的惯性作用，与上部土体做剪切运动，罐-土相互作用明显。

③ 不同频谱特性的地震动激励时，罐体在 El-Centro 波激励时会比安评波激励时早进入弹塑性状态，土体中的放大现象却小于安评波。两种波均由高频向低频转移，而且地表处的放大现象最为显著。工程实际应用中需要考虑不同频谱特性的地震动的影响，以免造成大的损失。

④ 当附加 Z 向地震动激励后对罐体、土体加速度响应均产生较大改变，并且随着激振级别的不同变化各有差异，因此需要考虑附加 Z 向激励后的地震响应，减少经济损失。

6

超大容积 LNG 储罐结构抗震振动台试验研究

6.1 研究概述

从2006年大鹏LNG接收站投产开始到现在，我国不断发展与完善LNG储罐建设与设计水平，中国已完全具备LNG储罐的自主设计能力，储罐的建设数量越来越多，罐容也越来越大，这标志着我国的LNG储罐建设规模和建设能力都取得了质的飞跃。目前国内在建的LNG储罐罐容已由常规的16万立方米，提高到了27万立方米。

与LNG储罐建设相对应的是储罐核心技术的发展，中国已完全具备LNG储罐的自主设计能力，近年来在储罐研究方面，也取得了长足的进展，又不断推动LNG储罐设计和施工的发展，形成了良性循环。国际承包商在国内的LNG储罐工程总承包（EPC）市场份额，已基本被压缩殆尽。从技术储备来看，中国海油、中国石油已经完成了对27万立方米LNG储罐的关键技术研究，这也是27万立方米储罐在近几年落地的基础。

不难看出，储罐大型化是当前行业发展的必然趋势。储罐大型化具有单位容积造价低、单位容积占地面积小、蒸发率小、缓解岸线资源压力等优势。目前国内研究的最大储罐罐容为27万立方米，但尚无应用；国际上，韩国3座27万立方米和新加坡1座26万立方米地上LNG全容储罐已经建成投产。受制于LNG储罐材料本身性能、结构受力性能、地质条件等因素，如果采用常规材料和结构形式，27万立方米罐容继续增加的可能性较小，已接近极限，要使罐容增加至30万立方米，必须改变现有储罐的结构形式。

本章所述30万立方米级LNG储罐振动台试验研究，主要是基于30万立方米级LNG混凝土储罐关键部位节点缩尺模型试验进行研究，严格按照相似比理论制作储罐的缩尺模型并开展室内振动台试验研究。明晰30万立方米级储罐关键节点部位的受力机理及承载模式，为实际工程设计及施工提供指导。

6.1.1 研究结构

研究原型结构为30万立方米级LNG储罐，示意图如图6.1所示，包括预应力混凝土外罐、钢制内罐和混凝土穹顶等。其中LNG外罐内径94.2m、壁厚0.9m、外罐高度50.8m；内罐内径92m、内罐高度46.88m；承台直径100.6m、承台厚度1.4m/1.2m；混凝土穹顶半径90m、厚度0.5m；承台下桩高1.5m/1.7m。

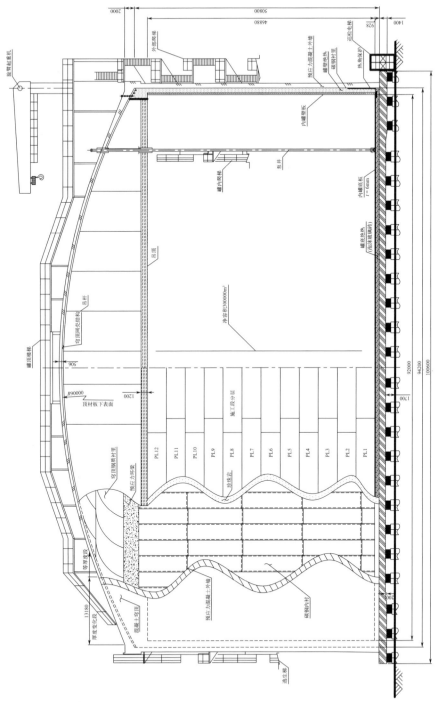

图6.1 储罐总体结构图（单位：mm）

6.1.2 研究目标与内容

针对上述30万立方米级LNG储罐结构形式在服役期内的地震安全问题，开展不同地震荷载条件下的研究，主要研究内容如下。

① 对30万立方米级储罐，考虑相似理论建立筏板-LNG储罐-罐内液体的缩尺模型（罐内介质用水替代），进行不少于3种地震波×不少于3个地震水准（多遇、常遇、罕遇）×不少于2个储液高度的振动台试验，从加速度、位移和应变三个因素研究混凝土外罐壁的地震响应，从液面高度、罐底剪力、弯矩和倾覆力矩等研究筏板-LNG储罐-罐内液体的动力耦合响应。

② 根据以上试验的结构形式，采用有限元软件进行数值分析，输入试验时的地震波，计算储罐的地震响应，并与试验结果进行对比研究，并进一步开展足尺模型的有限元分析。

6.2 超大容积LNG储罐振动台试验设计

6.2.1 相似系数计算

本项目采用方程式分析法和量纲分析法，进行模型设计。试验结构与原型结构振动微分方程为

$$m_M \ddot{x}_M + c_M \dot{x}_M + k_M x_M = -m_M \ddot{x}_{g,M} \tag{6.1}$$

$$m_P \ddot{x}_P + c_P \dot{x}_P + k_P x_P = -m_P \ddot{x}_{g,P} \tag{6.2}$$

式中，m表示质点质量；c为阻尼系数；k为体系刚度；$\ddot{x}_g$为地震运动加速度；下标M和P分别表示试验模型与原型结构。

结构模型相似系数则分别表示为

质量相似系数

$$S_m = \frac{m_M}{m_P} \tag{6.3}$$

阻尼相似系数

$$S_c = \frac{c_M}{c_P} \tag{6.4}$$

刚度相似系数

$$S_k = \frac{k_M}{k_P} \tag{6.5}$$

结构响应的相似系数分别为

$$S_x = \frac{x_M}{x_P} \tag{6.6}$$

$$S_{\dot{x}} = \frac{\dot{x}_M}{\dot{x}_P} \tag{6.7}$$

$$S_{\ddot{x}} = \frac{\ddot{x}_M}{\ddot{x}_P} \tag{6.8}$$

结构激励的相似系数为

$$S_{\ddot{x}_g} = \frac{\ddot{x}_{g,M}}{\ddot{x}_{g,P}} \tag{6.9}$$

同理，多自由度结构也有相似的关系，在此统一表示为

$$[m]\{\ddot{x}\} + [c][\dot{x}] + [k]\{x\} = -[m]\{i\}\ddot{x}_g \tag{6.10}$$

上式简化表示为

$$m_{ii}\ddot{x}_{ii} + c_{ij}\dot{x}_{ij} + k_{ij}x_{ij} = -m_{ii}\ddot{x}_g \tag{6.11}$$

则参数的相似系数统一表示为

$$S_{X_{ij}} = \frac{X_{ij,M}}{X_{ij,P}} \tag{6.12}$$

式中，X_{ij} 表示任意变量。

张敏政等就动力相似律在小比例模型试验中的应用进行了分析，探讨了结构非线弹性反应的模拟问题，提出了忽略重力模型和欠人工质量模型，以及在不同变形条件下考虑材料非线性的相似律确定等问题。吕西林等从固体力学的 Lame 方程和牛顿黏性流体力学的 Navier-Stockes 方程出发，提出一种将结构构件的三维方向取不同缩尺比的方法，推导振动台模型试验的动力相似关系，消除重力失真效应的影响，使主要参量的动力相似关系得到满足。

针对 LNG 储罐结构，研究采用筏板的 30 万立方米级 LNG 储罐，针对结构在服役期内的地震安全问题，开展不同地震荷载条件下的模拟地震振动台试验。基于此，设计了筏基 LNG 储罐结构模型。依据相似理论模型长度相似系数取 1/50，模型具体相似参数见表 6.1。

表6.1 试验模型相似参数

关键参数	符号和公式	参数选择
长度、高度等尺寸/m	l_r	0.02
等效模量/MPa	E_r	0.4
等效密度/(kg·m³)	$\rho_r = \dfrac{m'_m + m_a + m_{om}}{l(m_p + m_{op})}$	3.39
应力/MPa	$E_r = \sigma_r$	0.4
时间/s	$t_r = l_r \sqrt{\dfrac{\bar{\rho}_r}{E_r}}$	0.15
变位/m	$r_r = l_r$	0.02
速度/(m/s)	$v_r = \sqrt{\dfrac{E_r}{\bar{\rho}_r}}$	0.34
加速度/(m/s²)	$a_r = \dfrac{E_r}{(l_r \bar{\rho}_r)}$	2.36
频率/Hz	$f_r = \sqrt{\dfrac{E_r}{\bar{\rho}_r l_r^2}}$	6.87

注：表中相似系数均为缩尺模型与原型构件相关物理量的比值，等效密度相似系数计算公式中，m'_m 为根据长度比、模型与原型的材料实际密度比得出的模型构件的质量；m_a 为模型设置的人工质量，m_{om} 为模型中活载和非结构构件的模拟质量；m_p 为原型构件的质量；m_{op} 为活载和非结构构件质量。

为减小土箱的边界效应以及更好地模拟土体的受力状态，本试验采用圆形层状剪切土箱进行测试，土箱的内径为2.8m。为能够定量反映原型结构在不同地基下的动力特性以及土结相互作用的规律，需要完全满足结构的相似系数设计。对于常重力振动台试验，无法完全满足相似系数设计，一方面小相似系数试验模型在增加人工质量上存在一定的困难，附加质量的位置难以确定；另一方面，相似系数设计是基于弹性状态下的设计，而土体本身为存在非线性行为的材料，此外原状土和重塑土的动力性能不能完全相同。所以在一般情况下，常重力振动台试验只能定性分析原型结构的土结相互作用。故在本试验中，试验模型采用欠质量模型进行试验。

根据场地地勘报告，场地土多为粉质黏土，故本试验采用与原型场地土接近的粉质黏土来模拟地基，并对试验用土进行密度、含水率测试，以确定重塑土的基本参数。测试按照GB/T 50123—2019《土工试验方法标准》中的相关规定进行，密度和含水率试验结果如表6.2和6.3所示。

测试土样在天然状态下比较干燥，无法直接成型，需要增加土样含水率以使土样容易成型。经测试当含水率增加10%时，成型后土样密实度较高，且成型较为容易。重塑土的设计重度为19.0kN/m³，对重塑土土样进行共振柱试验，当围压为100kPa时，试验结果如图6.2所示，其中最大剪切模量为47.618MPa；参考剪应变为8.233×10^{-4}。

表6.2 土样天然密度

测试次数	实测重度/（kN/m³）	平均重度/（kN/m³）
1	14.94	14.66
2	14.37	

表6.3 土样含水率

试验方法	试验次数	试验结果/%	平均值/%
烘箱烤干法	1	6.19	6.35
	2	6.4	
	3	6.18	
	4	6.64	

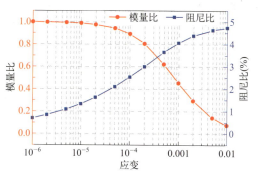

图6.2 土样动参数

6.2.2 模型制作

试验模型上部结构见图5.3。下部结构实际混凝土桩桩长为75m，根据几何相似系数，模型桩长为1.5m，采用群桩进行试验，桩体埋深1.45m。桩顶通过钢板用螺栓将所有桩头进行固定，而后钢板与试验模型的基础通过螺栓连接。土-桩-LNG储罐试验模型如图6.3所示。

(a) 群桩试验模型

(b) 钢板与基础的连接

(c) 组装完成的试验模型

图6.3 土-桩-LNG储罐试验模型

6.2.3 测量方案

为了得到LNG储罐各向的加速度放大系数不同高程处分布的情况，在储罐内罐底板正中心和内罐罐壁90°方向（正北）和180°方向（正西）各布置高程分别为300mm和600mm的加速度计；在储罐外壁90°方向（正北）和180°方向（正西）各布置高程分别为0mm、300mm和600mm的加速度计。放置在内罐的加速度计应采用防水的加速度计，放置在外罐的加速度计采用普通的加速度计。为了了解穹顶的加速度情况，在穹顶底部中心和90°方向（正北）和180°方向（正西）边缘各布置一个加速度计，加速度测点布置图如图6.4所示。

为了得到LNG储罐各向加速度放大系数在不同高程处分布的情况，在储罐内罐底板正中心布置一个加速度计，在内罐罐壁90°方向（正北）、180°方向（正西）沿高程分别为300mm和600mm处各布置一个加速度计；在储罐外壁90°方向（正北）和180°方向（正西）沿高程为0mm、300mm和600mm处各布置一个加速度计。放置在内罐的加速度计应采用防水的加速度计，放置在外罐的加速度计采用普

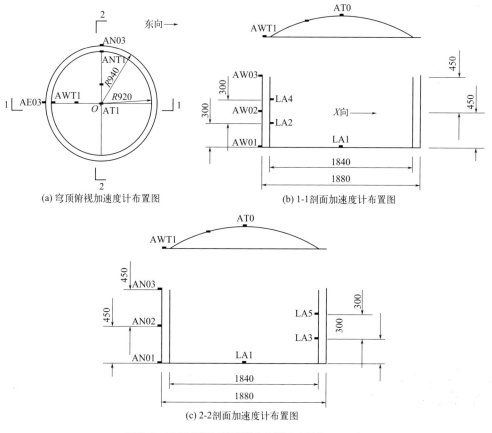

图6.4 LNG储罐加速度测点布置图（单位：mm）

注：编号命名规则为加速度+布置方位+加速度计位置，如AW01表示外罐加速度计布置在西侧罐底

通的加速度计。为了了解穹顶的加速度情况，在穹顶底部中心和90°方向（正北）和180°方向（正西）方向边缘各布置一个加速度计，加速度测点布置图，如图6.5所示。

根据已有的有限元分析可知，罐体底板往上一小段距离的位置应力较大，且对于地震动输入方向和垂直于地震动输入方向尤为明显。为验证有限元模型的结论，对内罐模型0°、90°、180°、270°四个方向沿高度均匀布置两个应变测量点，两测量点位置间距为300mm，每一测点竖向和水平方向均粘贴一个应变片；对于外观模型0°、90°、180°、270°四个方向的标高50mm、150mm、450mm处粘贴的应变片，其中下部的两个测点粘贴水平和垂直的两个应变片，顶部只粘贴垂直方向的应变片，应变测点布置图如图6.6所示。

振动台试验时，储罐模型内部的液体会产生远超过其在静止状态的静水压

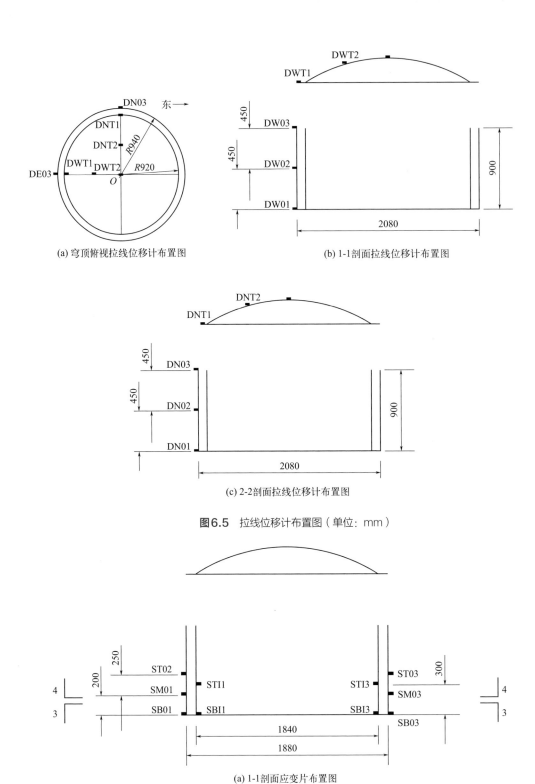

图6.5 拉线位移计布置图（单位：mm）

(a) 1-1剖面应变片布置图

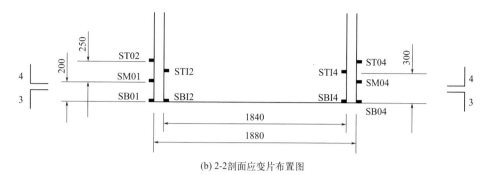

(b) 2-2 剖面应变片布置图

图6.6 罐身应变片测点布置图（单位：mm）

力，为了解在地震动时程作用下罐内液体的压力分布，在内罐管壁布置十二个液压传感器，布置位置为内罐罐壁0°、90°、180°、270°四个方向上高程为0mm、300mm和600mm的十二个监测点。水压力测点布置图如图6.7所示。

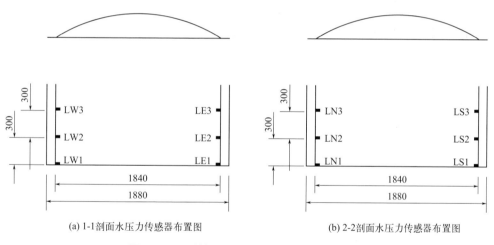

(a) 1-1剖面水压力传感器布置图　　　　(b) 2-2剖面水压力传感器布置图

图6.7 LNG储罐水压力测点布置图（单位：mm）

在土箱高度方向上布置拉线位移计和加速度传感器，在土体中布置四层传感器，以获取土体的动力响应。土箱上的加速度传感器和拉线位移计自下向上的标高依次为0mm、300mm、600mm、900mm、1200mm、1500mm。土体中的土压力传感器标高自下向上依次为100mm、400mm、700mm、1000mm、1300mm。土体中的加速度传感器标高自下向上依次为200mm、800mm、1400mm。土箱的传感器布置如图6.8所示。

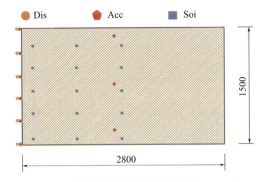

图6.8 模型土箱传感器布置（单位：mm）

（图中Dis表示为位移传感器，Acc表示为加速度传感器，Soi表示土压力传感器）

如前所述，上部结构与第4章一致，故上部结构的试验模型的测量方案和第4章一致。

为探究地震动作用下土体在同一水平面内和不同高度下土压力变化情况，在同一平面内的东西轴线布置三个测点，每个点布置两个土压力传感器，分别测量在同一平面东西向和南北向土压力变化情况，具体布置图如图6.9所示。

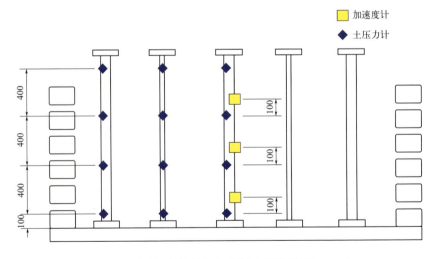

图6.9 等长桩柔性地基传感器测点布置图（单位：mm）

6.2.4　加载方案

根据GB 50011—2010《建筑抗震设计规范》相关要求，应至少选取3种地震动进行试验，本试验测试天然地震动 El-Centro 波、唐山波和人工地震动，3 个地震幅值，3 个地震输入方向（水平单向、水平双向、水平双向+竖向）等多种地震工况下的结构响应。

收集万余条国内外强震记录，开发基于目标反应谱的天然地震动选择程序及人工地震动生成程序，相关程序操作界面如图 6.10 所示。选取的地震动时程及傅里叶幅值谱曲线如图 6.11 所示。试验设计工况如表 6.4 所示。

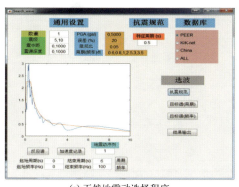
(a) 天然地震动选择程序

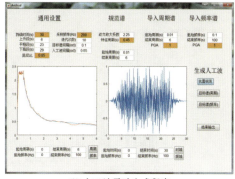
(b) 人工地震动生成程序

图 6.10　地震动选取程序操作界面

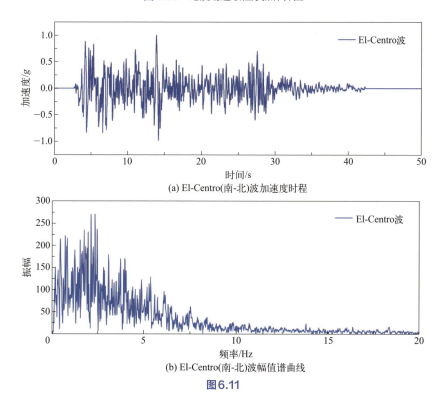

(a) El-Centro(南-北)波加速度时程

(b) El-Centro(南-北)波幅值谱曲线

图 6.11

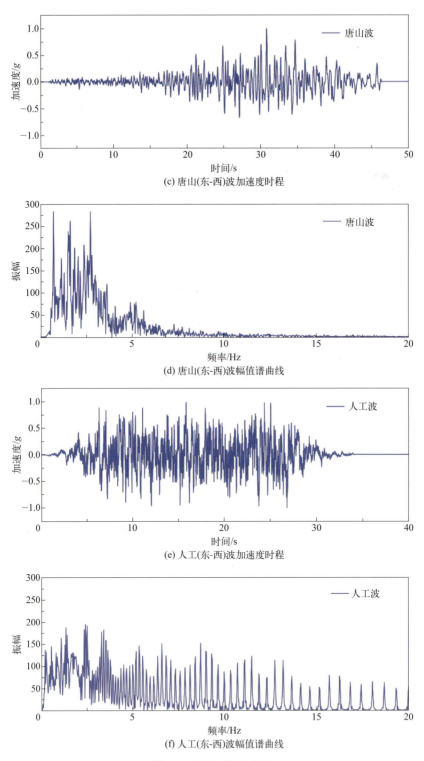

(c) 唐山(东-西)波加速度时程

(d) 唐山(东-西)波幅值谱曲线

(e) 人工(东-西)波加速度时程

(f) 人工(东-西)波幅值谱曲线

图6.11 地震动特征曲线

表6.4 试验设计工况

编号	地震动	地震动幅值 /g		
		X	Y	Z
1	白噪声	0.05	0.05	0.05
2	El-Centro 波	0.14	0.00	0.00
3	唐山波	0.14	0.00	0.00
4	人工波	0.14	0.00	0.00
5	El-Centro 波	0.14	0.12	0.00
6	唐山波	0.14	0.12	0.00
7	人工波	0.14	0.12	0.00
8	El-Centro 波	0.14	0.12	0.09
9	唐山波	0.14	0.12	0.09
10	人工波	0.14	0.12	0.09
11	白噪声	0.05	0.05	0.05
12	El-Centro 波	0.22	0.00	0.00
13	唐山波	0.22	0.00	0.00
14	人工波	0.22	0.00	0.00
15	El-Centro 波	0.22	0.19	0.00
16	唐山波	0.22	0.19	0.00
17	人工波	0.22	0.19	0.00
18	El-Centro 波	0.22	0.19	0.14
19	唐山波	0.22	0.19	0.14
20	人工波	0.22	0.19	0.14
21	白噪声	0.05	0.05	0.05
22	El-Centro 波	0.40	0.00	0.00
23	唐山波	0.40	0.00	0.00
24	人工波	0.40	0.00	0.00
25	El-Centro 波	0.40	0.34	0.00
26	唐山波	0.40	0.34	0.00
27	人工波	0.40	0.34	0.00
28	El-Centro 波	0.40	0.34	0.26
29	唐山波	0.40	0.34	0.26
30	人工波	0.40	0.34	0.26
31	白噪声	0.05	0.05	0.05
32	El-Centro 波	0.62	0.00	0.00
33	唐山波	0.62	0.00	0.00
34	人工波	0.62	0.00	0.00
35	El-Centro 波	0.62	0.53	0.00
36	唐山波	0.62	0.53	0.00
37	人工波	0.62	0.53	0.00

续表

编号	地震动	地震动幅值 /g		
		X	Y	Z
38	El-Centro 波	0.62	0.53	0.40
39	唐山波	0.62	0.53	0.40
40	人工波	0.62	0.53	0.40
41	白噪声	0.05	0.05	0.05

根据选取地震波，对其进行组合，加载工况如表6.5所示。

表6.5 试验加载工况

编号	地震动	地震动幅值 /g		
		X	Y	Z
1	白噪声	0.05	0.05	0.05
2	El-Centro 波	0.14	0.00	0.00
3	唐山波	0.14	0.00	0.00
4	人工波	0.14	0.00	0.00
5	El-Centro 波	0.14	0.12	0.00
6	唐山波	0.14	0.12	0.00
7	人工波	0.14	0.12	0.00
8	El-Centro 波	0.14	0.12	0.09
9	唐山波	0.14	0.12	0.09
10	人工波	0.14	0.12	0.09
11	白噪声	0.05	0.05	0.05
12	El-Centro 波	0.22	0.00	0.00
13	唐山波	0.22	0.00	0.00
14	人工波	0.22	0.00	0.00
15	El-Centro 波	0.22	0.19	0.00
16	唐山波	0.22	0.19	0.00
17	人工波	0.22	0.19	0.00
18	El-Centro 波	0.22	0.19	0.14
19	唐山波	0.22	0.19	0.14
20	人工波	0.22	0.19	0.14
21	白噪声	0.05	0.05	0.05
22	El-Centro 波	0.40	0.00	0.00
23	唐山波	0.40	0.00	0.00
24	人工波	0.40	0.00	0.00
25	El-Centro 波	0.40	0.34	0.00
26	唐山波	0.40	0.34	0.00
27	人工波	0.40	0.34	0.00

续表

编号	地震动	地震动幅值 /g		
		X	Y	Z
28	El-Centro 波	0.40	0.34	0.26
29	唐山波	0.40	0.34	0.26
30	人工波	0.40	0.34	0.26
31	白噪声	0.05	0.05	0.05

6.3 超大容积LNG储罐振动台试验分析

6.3.1 空罐状态试验

(1) 动力特性

根据白噪声激励获得的模型X向、Y向和Z向的自振频率和阻尼比如表6.6和表6.7所示。由表中数据可知，随着试验的进行，结构的自振频率有逐渐减小的趋势，而结构阻尼比有逐渐增大的趋势。试验开始前X向、Y向和Z向的结构自振频率分别为15.66Hz、14.73Hz、14.97Hz；九级大震工况之后X向、Y向和Z向的结构自振频率分别为12.66Hz、13.04Hz、13.40Hz。结构阻尼比增加为6.78%、9.70%和4.61%。

表6.6 空罐状态柔性基础结构自振频率

工况	X向自振频率 /Hz	Y向自振频率 /Hz	Z向自振频率 /Hz
白噪声1	15.66	14.73	14.97
白噪声2	13.85	15.08	14.91
白噪声3	14.10	13.05	14.19
白噪声4	14.08	13.44	13.35
白噪声5	12.66	13.04	13.40

表6.7 空罐状态柔性基础结构阻尼比

工况	X向阻尼比 /%	Y向阻尼比 /%	Z向阻尼比 /%
白噪声1	1.98	2.44	2.49
白噪声2	4.55	6.15	11.66
白噪声3	2.79	2.16	18.23
白噪声4	3.69	1.62	2.38
白噪声5	6.78	9.70	4.61

（2）加速度响应

① 单向加载　为消除实际输入幅值与台面实际输入不一致的情况，采用加速度放大系数进行加速度响应分析。单向加载时不同加速度激励下的加速度放大系数如图6.12所示。由图可知，地震动作用下，模型上各测点的加速度放大系数随着高度的增加而增加。对于同一条地震动，幅值对各测点的加速度放大一致性较高，对不同的地震动加速度放大系数有一定的离散性。对于El-Centro波，模型顶部的加速度比模型底部的加速度大60%，对于人工波，模型顶部的加速度比模型底部的加速度大35%～55%，对于唐山波，模型顶部的加速度比模型底部的加速度小10%。

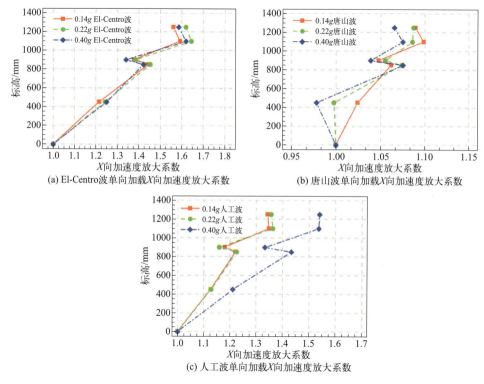

图6.12　空罐状态单向加载X向加速度放大系数

② 双向加载　双向加载时不同加速度激励下的加速度放大系数如下图6.13和图6.14所示。由图可知，地震动作用下，模型上各测点的X向的加速度放大系数随着高度的增加而增加。对于同一条地震动，幅值对各测点的加速度放大一致性较高。对于不同的地震动，加速度放大系数有一定的离散性。对于El-Centro波，模型顶部的加速度比模型底部的加速度大60%，对于人工波，模型顶部的加速度

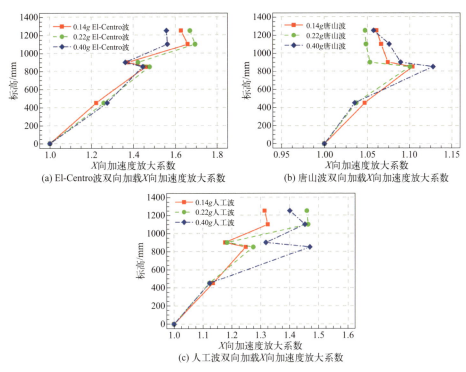

图6.13 空罐状态双向加载X向加速度放大系数

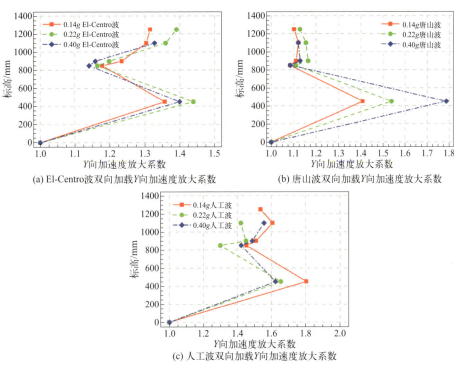

图6.14 空罐状态双向加载Y向加速度放大系数

6 超大容积LNG储罐结构抗震振动台试验研究

比模型底部的加速度大35%～55%，对于唐山波，模型顶部的加速度比模型底部的加速度小15%。模型上各测点的Y向的加速度放大系数主要集中在底部，对于同一条地震动，幅值对各测点的加速度放大一致性较高。对于不同的地震动，加速度放大系数有一定的离散性。对于El-Centro波，模型450mm处的加速度比模型底部的加速度大35%～45%，对于人工波，模型450mm处的加速度比模型底部的加速度大60%～80%，对于唐山波，模型450mm处的加速度比模型底部的加速度大40%～80%。

③ 三向加载　三向加载时不同加速度激励下的加速度放大系数如图6.15、图6.16和图6.17所示。由图可知，地震动作用下，模型上各测点的X向的加速度放大系数随着高度的增加而增加。对于同一条地震动，幅值对各测点的加速度放大一致性较高。对于不同的地震动，加速度放大系数有一定的离散性。对于El-Centro波，模型顶部的加速度比模型底部的加速度大60%，对于人工波，模型顶部的加速度比模型底部的加速度大30%～50%，对于唐山波，模型顶部的加速度比模型底部的加速度小15%。模型上各测点的Y向的加速度放大系数主要集中在底部，对于同一条地震动，幅值对各测点的加速度放大一致性较高。对于不同的

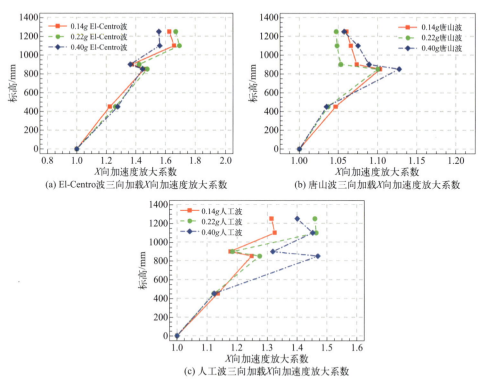

图6.15　空罐状态三向加载X向加速度放大系数

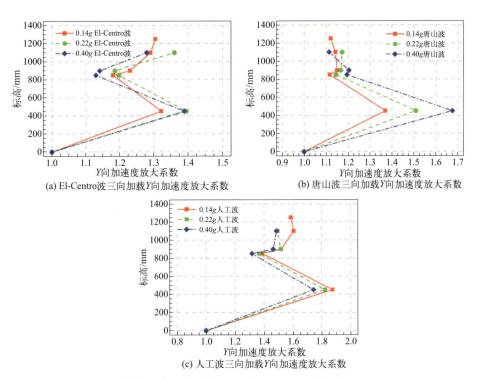

图6.16 空罐状态三向加载Y向加速度放大系数

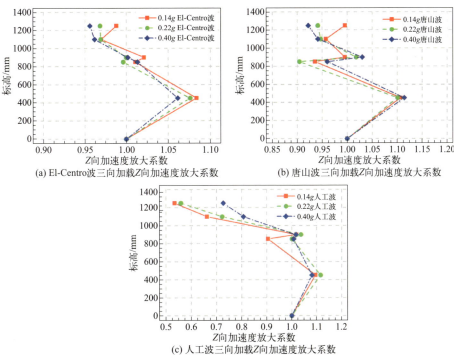

图6.17 空罐状态三向加载Z向加速度放大系数

6 超大容积LNG储罐结构抗震振动台试验研究

地震动,加速度放大系数有一定的离散性。对于 El-Centro 波,模型 450mm 处的加速度比模型底部的加速度大 30%～40%,对于人工波,模型 450mm 处的加速度比模型底部的加速度大 80%,对于唐山波,模型 450mm 处的加速度比模型底部的加速度大 35%～70%。模型上各测点的 Z 向的加速度放大系数主要集中在底部,且随着高度的增加逐渐减小。对于同一条地震动,幅值对各测点的加速度放大一致性较高。对于不同的地震动,加速度放大系数有一定的离散性。对于 El-Centro 波和唐山波加速度比模型底部的加速度降低约 5%,人工波加速度比模型底部的加速度降低 30%～40%。

6.3.2 半罐状态试验

(1) 动力特性

根据白噪声激励获得的模型 X 向、Y 向和 Z 向的自振频率和阻尼比如表 6.8 和表 6.9 所示。由表中数据可知,随着试验的进行,三个方向的自振频率有降低的趋势,而结构阻尼比有增大的趋势。试验开始前 X 向、Y 向和 Z 向的结构自振频率分别为 14.54Hz、14.40Hz、14.50Hz,对应的结构阻尼比分别为 3.57%、4.78%、3.17%;九级大震工况之后 X 向、Y 向和 Z 向的结构自振频率分别为 5.98Hz、11.08Hz、13.10Hz,阻尼比为 5.21%、5.70%、12.59%。

表6.8 半罐状态柔性基础结构自振频率

工况	X 向自振频率 /Hz	Y 向自振频率 /Hz	Z 向自振频率 /Hz
白噪声1	14.54	14.40	14.50
白噪声2	15.31	10.53	14.72
白噪声3	13.87	13.50	13.42
白噪声4	10.13	10.27	13.56
白噪声5	5.98	11.08	13.10

表6.9 半罐状态柔性基础结构阻尼比

工况	X 向阻尼比 /%	Y 向阻尼比 /%	Z 向阻尼比 /%
白噪声1	3.57	4.78	3.17
白噪声2	2.57	1.74	1.89
白噪声3	4.02	19.53	5.09
白噪声4	2.67	5.70	7.20
白噪声5	5.21	—	12.59

（2）加速度响应

① 单向加载　单向加载时不同加速度激励下的加速度放大系数如图6.18所示。由图可知，地震动作用下，模型上各测点的加速度放大系数随着高度的增加而增加。对于同一条地震动，幅值对各测点的加速度放大一致性较高。对于不同的地震动，加速度放大系数有一定的离散性。对于El-Centro波，模型顶部的加速度比模型底部的加速度大70%，对于人工波，模型顶部的加速度比模型底部的加速度大35%~60%，对于唐山波，模型顶部的加速度比模型底部的加速度小10%。

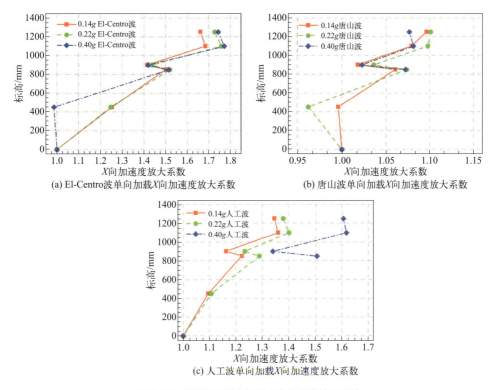

图6.18　半罐状态单向加载X向加速度放大系数

② 双向加载　双向加载时不同加速度激励下的加速度放大系数如图6.19和图6.20所示。由图可知，地震动作用下，模型上各测点的X向的加速度放大系数随着高度的增加而增加。对于同一条地震动，幅值对各测点的加速度放大一致性较高。对于不同的地震动，加速度放大系数有一定的离散性。对于El-Centro波，模型顶部的加速度比模型底部的加速度大80%，对于人工波，模型顶部的加速度比模型底部的加速度大40%~50%，对于唐山波，模型顶部的加速度比模型底部的加速度大10%~30%。模型上各测点的Y向的加速度放大系数主要集中在底部，

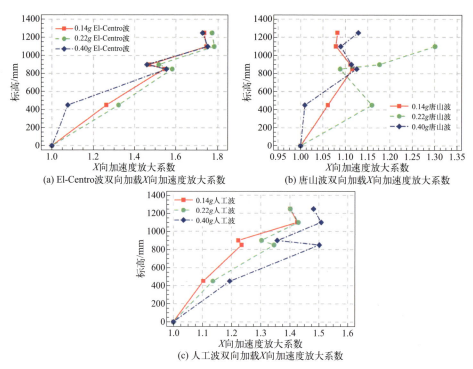

图6.19 半罐状态双向加载X向加速度放大系数

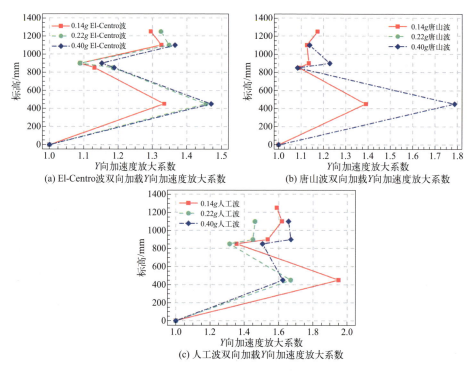

图6.20 半罐状态双向加载Y向加速度放大系数

对于同一条地震动，幅值对各测点的加速度放大一致性较高。对于不同的地震动，加速度放大系数有一定的离散性。对于 El-Centro 波，模型 450mm 处的加速度比模型底部的加速度大 35%～45%，对于人工波，模型 450mm 处的加速度比模型底部的加速度大 60%～95%，对于唐山波，模型 450mm 处的加速度比模型底部的加速度大 40%～80%。

③ 三向加载 三向加载时不同加速度激励下的加速度放大系数如图 6.21、图 6.22 和图 6.23 所示。由图可知，地震动作用下，模型上各测点的 X 向的加速度放大系数随着高度的增加而增加。对于同一条地震动，幅值对各测点的加速度放大一致性较高。对于不同的地震动，加速度放大系数有一定的离散性。对于 El-Centro 波，模型顶部的加速度比模型底部的加速度大 70%，对于人工波，模型顶部的加速度比模型底部的加速度大 40%～60%，对于唐山波，模型顶部的加速度比模型底部的加速度小 15%。模型上各测点的 Y 向的加速度放大系数主要集中在底部，对于同一条地震动，幅值对各测点的加速度放大一致性较高。对于不同的地震动，加速度放大系数有一定的离散性。对于 El-Centro 波，模型 450mm 处的加速度比模型底部的加速度大 30%～45%，对于人工波，模型 450mm 处的加速度比

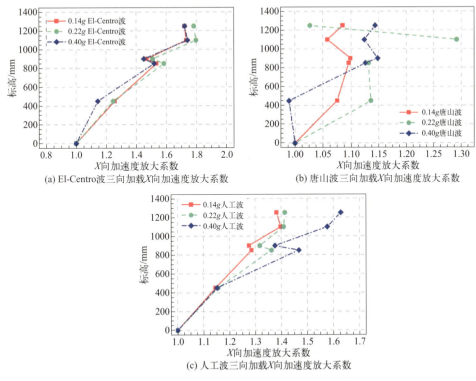

图 6.21 半罐状态三向加载 X 向加速度放大系数

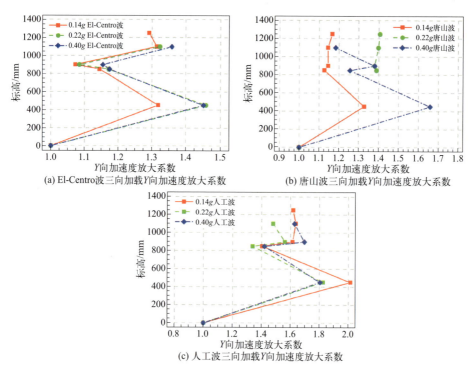

图6.22 半罐状态三向加载Y向加速度放大系数

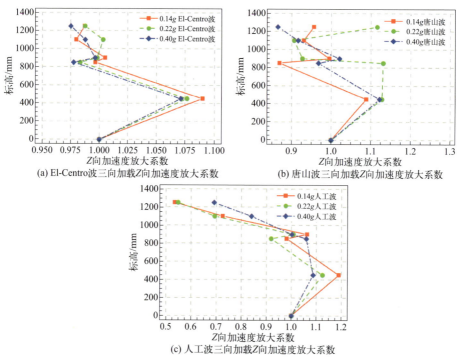

图6.23 半罐状态三向加载Z向加速度放大系数

模型底部的加速度大80%～100%，对于唐山波，模型450mm处的加速度比模型底部的加速度大30%～70%。模型上各测点的Z向的加速度放大系数主要集中在底部，且随着高度的增加逐渐减小。对于同一条地震动，幅值对各测点的加速度放大一致性较高。对于不同的地震动，加速度放大系数有一定的离散性。对于El-Centro波，模型顶部的加速度比模型底部的加速度降低小于5%，对于唐山波加速度，模型顶部的比模型底部的加速度降低小于15%，对于人工波，模型顶部的加速度比模型底部的加速度降低30%～50%。

6.3.3 满罐状态试验

（1）动力特性

根据白噪声激励获得的模型X向、Y向和Z向的自振频率如表6.10所示。由表中数据可知，试验开始前，结构体X向、Y向和Z向的自振频率分别为12.24Hz、11.17Hz和11.56Hz；九级大震工况结束后结构X向、Y向和Z向的自振频率分别为8.47Hz、10.15Hz和12.91Hz。

表6.10 满罐状态柔性基础结构自振频率

工况	X向自振频率/Hz	Y向自振频率/Hz	Z向自振频率/Hz
白噪声1	12.24	11.17	11.56
白噪声2	9.91	10.16	12.49
白噪声3	9.76	10.31	10.70
白噪声4	7.22	10.01	13.41
白噪声5	8.47	10.15	12.91

（2）加速度响应

① 单向加载　单向加载时不同加速度激励下的加速度放大系数如图6.24所示。由图可知，地震动作用下，模型上各测点的加速度放大系数随着高度的增加而增加。对于同一条地震动，幅值对各测点的加速度放大一致性较高。对于不同的地震动，加速度放大系数有一定的离散性。对于El-Centro波，模型顶部的加速度比模型底部的加速度大80%，对于人工波，模型顶部的加速度比模型底部的加速度大50%～60%，对于唐山波，模型顶部的加速度比模型底部的加速度小15%。

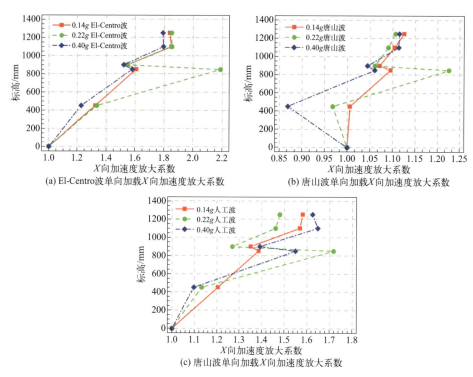

图6.24 满罐状态单向加载X向加速度放大系数

② 双向加载　双向加载时不同加速度激励下的加速度放大系数如图6.25和图6.26所示。由图可知，地震动作用下，模型上各测点的X向的加速度放大系数随着高度的增加而增加。对于同一条地震动，幅值对各测点的加速度放大一致性较高。对于不同的地震动，加速度放大系数有一定的离散性。对于El-Centro波，模型顶部的加速度比模型底部的加速度大80%~90%，对于人工波，模型顶部的加速度比模型底部的加速度大50%~90%，对于唐山波，模型顶部的加速度比模型底部的加速度大15%。模型上各测点的Y向的加速度放大系数主要集中在底部，对于同一条地震动，幅值对各测点的加速度放大一致性较高。对于不同的地震动，加速度放大系数有一定的离散性。对于El-Centro波，模型450mm处的加速度比模型底部的加速度大40%，对于人工波，模型450mm处的加速度比模型底部的加速度大50%~70%，对于唐山波，模型450mm处的加速度比模型底部的加速度大40%~60%。

③ 三向加载　三向加载时不同加速度激励下的加速度放大系数如图6.27、图6.28和图6.29所示。由图可知，地震动作用下，模型上各测点的X向的加速度放大系数随着高度的增加而增加。对于同一条地震动，幅值对各测点的加速度放

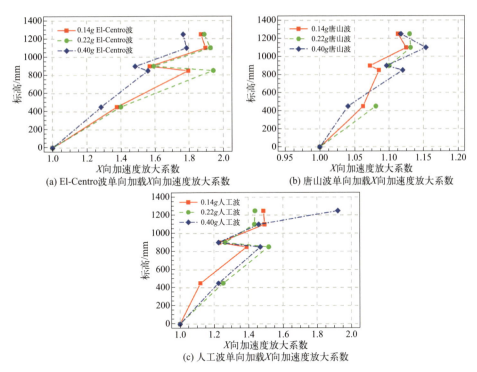

图 6.25 满罐状态双向加载 X 向加速度放大系数

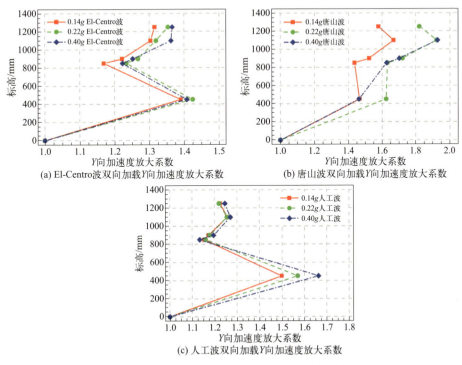

图 6.26 满罐状态双向加载 Y 向加速度放大系数

大一致性较高。对于不同的地震动，加速度放大系数有一定的离散性。对于El-Centro波，模型顶部的加速度比模型底部的加速度大80%～100%，对于人工波，模型顶部的加速度比模型底部的加速度大40%～50%，对于唐山波，模型顶部的加速度比模型底部的加速度小15%。模型上各测点的Y向的加速度放大系数主要集中在底部，对于同一条地震动，幅值对各测点的加速度放大一致性较高。对于不同的地震动，加速度放大系数有一定的离散性。对于El-Centro波，模型450mm处的加速度比模型底部的加速度大40%，对于人工波，模型450mm处的加速度比模型底部的加速度大50%～70%，对于唐山波，模型450mm处的加速度比模型底部的加速度大40%～70%。模型上各测点的Z向的加速度放大系数主要集中在底部，且随着高度的增加逐渐减小。对于同一条地震动，幅值对测点的加速度放大一致性较高。对于不同的地震动，加速度放大系数有一定的离散性。在El-Centro波工况下，模型顶部的加速度比模型底部的加速度小15%，在唐山波工况下，模型顶部的加速度比模型底部的加速度小10%，在人工波工况下，模型顶部的加速度比模型底部的加速度小35%～45%。

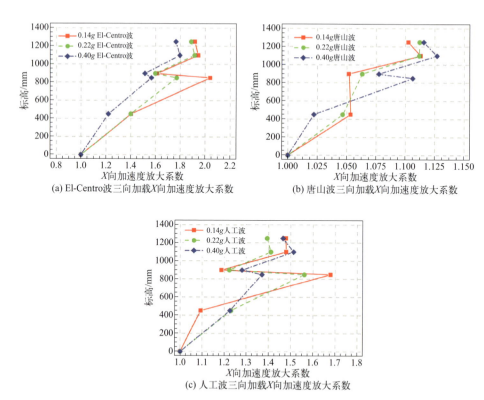

图6.27 满罐状态三向加载X向加速度放大系数

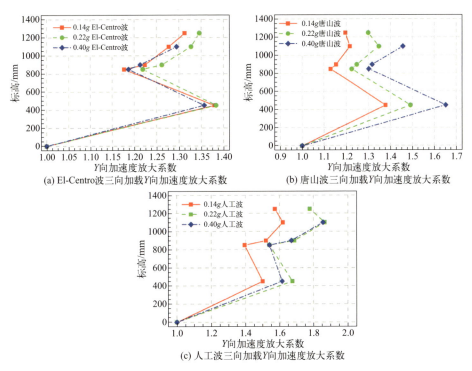

图6.28 满罐状态三向加载Y向加速度放大系数

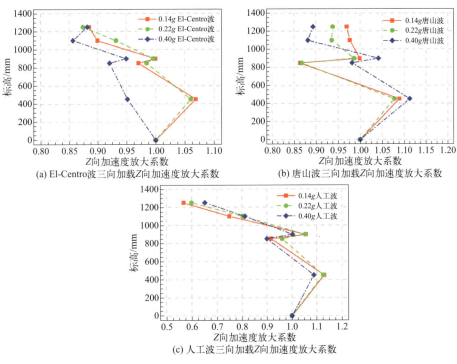

图6.29 满罐状态三向加载Z向加速度放大系数

6 超大容积LNG储罐结构抗震振动台试验研究 147

6.4 本章小结

本章针对30万立方米级LNG储罐结构的液面高度、罐底剪力、弯矩和倾覆力矩等研究了筏板-LNG储罐-罐内液体的动力耦合响应；同时采用有限元与试验，主要对比分析了试验动水压力与原型罐体动水压力结果。得到了如下的结论。

① 不论刚性地基还是柔性地基，加速度放大系数随着罐体高度的增加而增大；

② 动水压力随着罐体高度的增加而减小；

③ 建立的原型刚性储罐模型，其得到的动水压力普遍大于试验结果，并且误差较大。

参考文献

[1] 黄思凝, 郭迅, 张敏政, 等. 钢筋混凝土结构小比例尺模型设计方法及相似性研究[J]. 土木工程学报, 2012, 45(07): 31-38.

[2] 鲁亮, 吕西林. 振动台模型试验中一种消除重力失真效应的动力相似关系研究[J]. 结构工程师, 2001, (04): 45-48.

7

超大容积 LNG 储罐减隔震结构振动台试验研究

7.1 研究概述

随着国家经济的快速发展，能源需求量不断上升，其中液态天然气（liquified natural gas，LNG）作为一种清洁能源得到世界各国的青睐，它在环境管理中有巨大价值，在工业发展中也有巨大作用，我国的天然气消耗总量在2010~2018年内增长至近2.7倍，详见图7.1。为了满足日益增长的能源储备和需求，LNG储罐被广泛应用到实际工程当中。我国目前自主设计储罐容积已高达27万立方米，在建的有11座，是目前世界上LNG储罐中单罐罐容积最大的全容储罐，见图7.2。

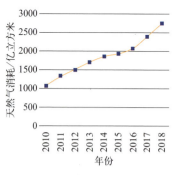

图7.1 天然气消耗总量

图7.2 LNG储罐项目

由于在地震作用下，LNG储罐发生泄漏容易产生火灾，泄漏的气体甲烷会破坏大气臭氧层，甲烷燃烧产生的二氧化碳也是温室效应气体之一，所以LNG储罐抗震设计和建造有严格的要求，规范规定储罐要抵抗2745年一遇的地震，大型LNG储罐的隔震设计已成为当今大型储罐研究的焦点问题。

现有的大型储罐结构面对高烈度的地震冲击，仅仅通过加强结构的强度、刚度以及延性来抵抗地震远远不够。鉴于此，发展与储罐结构相适应的隔震技术，是减小LNG储罐地震响应的有效方法，也是确保国家重大工程安全和国家高质量发展的迫切需要。目前，隔震技术在LNG储罐建设的应用较多，唐山LNG项目8座20万立方米LNG储罐、天津液化天然气二期项目22万立方米LNG储罐以及国家管网龙口LNG项目4座22万立方米LNG储罐均应用隔震技术降低地震作用，从而获得较高的经济效益。本项目基于储罐抗震模型，引入隔震支座装置，建立储罐隔震力学模型，通过振动台试验对储罐加载不同地震等级的三条天然波与一条人工波，对储罐进行隔震响应分析，为LNG储罐隔震设计提供理论依据。

7.2 超大容积LNG储罐减隔震结构振动台试验设计

7.2.1 相似系数计算

以160000m³储罐为原型，原型储罐直径D_p=84m、高H_p=52m，为了保证模型具有原型储罐的全部或部分特征，主要考虑相似理论中的物理相似、几何相似、边界条件相似，试验在重庆大学振动台实验室开展，台面尺寸为6.1m×6.1m，最大承载力达到60t，在满足振动台和尺寸要求的前提下，尽量使模型储罐尺寸更贴近实际储罐。当长度相似系数S_l=1/30时，储罐设计较合理，泊松比相似系数和应变相似系数都取为1，加速度相似常数S_a=1，得到相似关系如下。

$$S_k = S_E S_l$$

$$S_x = S_l$$

$$S_a = S_x / S_t^2$$

可得时间相似系数为

$$S_t = \sqrt{S_l / S_a} = \sqrt{1/30} = 0.183$$

因此，地震动输入时，地震波时间应压缩到原纪录的0.183倍。

根据结构模型相似关系，最终确定试验模型储罐外罐与原型储罐取相同的材料，外罐由混凝土和钢筋构成，内罐为Q235钢。外罐外径取D_m=2.9m、高H_m=2m、壁厚0.2m，底板厚度0.3m，内罐直径1.9m、高1.5m，罐壁及底板厚度均为5mm。

7.2.2 模型制作

LNG储罐外罐模型布置了间距0.2m的两层钢筋网，储罐钢筋间距均为0.2m，再进行混凝土的浇筑，从而保证储罐结构在较大的地震力下不会遭到破坏。在施工过程中边施工边检查构件尺寸，以确保模型制作质量。

预制了尺寸为2.9m×2.9m×0.3m的钢板，钢板预埋在桩基础上，外缘预留与振动台台面相连接的螺栓孔，采用外六角螺栓，通过钢板可以将振动台的地震力激励更直接地传到储罐结构中。

LNG储罐模型施工过程见图7.3。

(a) 外罐钢筋网布置

(b) 穹顶钢筋布置

(c) 外罐混凝土浇筑

(d) 支座焊接

(e) 内罐泡沫安装

(f) 穹顶与外罐拼接

(g) 内罐传感器布置

(h) 外罐传感器布置

(i) 模型俯视图　　　　　　　　　　　(j) 模型正视图

图 7.3　LNG 储罐模型制作过程

7.2.3　减隔震支座参数设计

铅芯隔震橡胶支座兼具水平刚度小和可耗散能量的优点，对结构起到隔震作用的同时还可以起到耗能减震的效果。该支座的变形和承载能力主要是由第一形状系数 S_1 和第二形状系数 S_2 决定。

（1）第一形状系数 S_1

S_1 为铅芯隔震橡胶支座中每层橡胶的受压面积与其自由表面积之比，如式(7.1)所示。

$$S_1 = \frac{d_0 - d_i}{4t_r} \tag{7.1}$$

式中，d_0 为铅芯隔震橡胶支座每层橡胶层受压部分的有效直径；d_i 为中间开孔直径；t_r 为单层橡胶厚度。

S_1 表示支座内部橡胶垫中的钢板对橡胶层的约束程度，S_1 值越大，支座的受压承载力越大，竖向刚度也就越大。参考以往学者的研究，取 $S_1 \geqslant 15$。

（2）第二形状系数 S_2

S_2 为隔震橡胶支座内部有效受压面的直径与内部橡胶总厚度的比值，如式(7.2)所示。

$$S_2 = \frac{d_0}{nt_r} \tag{7.2}$$

式中，n 为隔震橡胶支座内部橡胶的总层数。

隔震橡胶支座的水平刚度和稳定性与第二形状系数 S_2 有关，S_2 越大，支座受压稳定性越好，受压失稳临界荷载就越大；但其水平刚度也会相应变大，水平极限变形能力将减小，这样反而对储罐结构隔震造成不利的影响。因此，在设计隔震橡胶支座时，参考国内外学者的研究，取 $S_2 = 3 \sim 6$。

（3）其他参数计算

铅芯隔震橡胶支座的竖向刚度和等效水平刚度均对储罐结构隔震起着至关重要的作用，竖向刚度能保证储罐有足够的承载能力，防止储罐结构产生过大的竖向变形，调整结构的竖向基本周期，避免储罐结构产生共振；等效水平刚度和屈服后刚度能预防在地震作用下，储罐产生过大的水平位移响应，从而提高储罐结构的抗倾覆能力；等效黏滞阻尼比对于地震能量的耗散起着至关重要的作用，通过耗能减震，可减少上部结构的响应。

① 竖向刚度　由于支座内钢板与橡胶是分层紧密结合的，在储罐受到竖向力作用时，多层钢板约束橡胶层压缩变形，使橡胶层处于三向受力状态，有效地提高了支座的刚度。

支座材料的力学性能、形状系数、水平剪切变形等参数都会影响铅芯隔震橡胶支座的竖向刚度。竖向刚度计算方法见式(7.3)～式(7.6)。

$$k_v = \frac{E_{cb}A}{nt_r} \tag{7.3}$$

$$E_{cb} = \frac{E_c E_b}{E_c + E_b} \tag{7.4}$$

$$E_c = E_0(1 + 2kS_1^2) \tag{7.5}$$

$$A = A_r + A_p\left(\frac{E_p}{E_{cb}} - 1\right) \tag{7.6}$$

式中，A_p、A_r、A 分别为铅芯的截面积、橡胶垫的截面积、有效承压面积；E_0、E_c、E_b 分别为橡胶垫的弹性模量、体积弹性模量以及压缩弹性模量；E_p 为铅芯弹性模量；k 为橡胶垫硬度的修正系数；E_{cb} 为修正压缩弹性模量。

② 等效水平刚度　支座橡胶层的等效水平刚度是通过支座的实际滞回曲线得到的，将实际模型简化成双线性模型，双线性模型对角的连线就是等效水平刚度，计算方法见式(7.7)。

$$k_{eq} = \frac{Q_{max} - Q_{min}}{X_{max} - X_{min}} \tag{7.7}$$

式中，k_{eq} 为等效水平刚度；Q_{max} 为最大正水平恢复力；Q_{min} 为最大负水平恢复力；X_{max} 为对应最大水平恢复力的水平位移；X_{min} 为对应最大负水平恢复力的水平位移。

③ 屈服后刚度与屈服力　在高烈度地震作用下，考虑到支座屈服强度较低，要对支座的非线性力学特性进行设计，铅芯隔震橡胶支座屈服后刚度 k_d 与屈服力

Q_d 是体现铅芯橡胶支座非线性本构模型的重要参数,计算过程见式(7.8)~式(7.9)。

$$k_d = \frac{GA_r}{nt_r}\left(1+\alpha\frac{A_p}{A_r}\right) \tag{7.8}$$

$$Q_d = A_p \sigma_p \tag{7.9}$$

式中,G 为橡胶层的剪切模量;α 为修正系数,一般取 3~4;σ_p 为铅芯的屈服应力,常取为 8.5MPa。

④ 等效黏滞阻尼比 等效黏滞阻尼比用作评判隔震橡胶支座形变的耗能减震能力,因此也是隔震橡胶支座的重要力学参数之一。铅芯隔震橡胶支座的阻尼比测试通常情况下需要先做水平剪切试验,再绘制铅芯隔震橡胶支座水平剪切变形为 100% 时的隔震支座上下连接钢板间相对水平位移 q 与水平剪力 Q 的关系曲线,计算方法见式(7.10)。

$$\xi = \frac{W_d}{2\pi Q q} \tag{7.10}$$

式中,W_d 为 Q-q 黏滞曲线的面积;ξ 为隔震橡胶支座的等效黏滞阻尼比,常可达 10%~30%。

支座结构与实物见图 7.4。

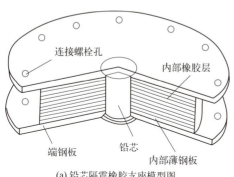
(a) 铅芯隔震橡胶支座模型图

(b) 铅芯隔震橡胶支座实物图

图 7.4 铅芯隔震橡胶支座

最终通过计算得到储罐所需的铅芯隔震支座的力学性能参数,见表 7.1。

表 7.1 支座的力学性能参数

型号	设计荷载 /kN	竖向刚度 /(kN/mm)	第二形状系数	屈服力 /kN	屈服后刚度 /(kN/m)	等效水平刚度 /(kN/m)	等效阻尼比 /%	支座总高度 /mm
LRB300	707	887	5.77	22.6	469	821	30.9	150

7.2.4 测量方案

为测量各试验工况下结构的加速度响应,选用美国MEAS加速度传感器和美国Endevco加速度传感器在以下几个位置进行安装。

① 桩:在隔震罐和无隔震罐桩头X、Y、Z方向分别布置1个加速度传感器。

② 内罐:在隔震罐和无隔震罐内罐沿高度方向分别有4个测点,每个测点X、Y、Z方向分别布置1个加速度传感器。

③ 外罐:在罐体及其穹顶处共有7个测点(穹顶有2个测点,罐体沿高度方向有5个测点),每个测点X、Y、Z方向分别布置1个加速度传感器。其布置位置如图7.5、图7.6和表7.2、表7.3所示。

表7.2 模拟地震振动台试验加速度传感器布置(无隔震储罐)

位置	高度/cm	编号	方向	位置	高度/cm	编号	方向
桩头	33	JSD-1-1	X	穹顶1/2处	243	JSD-7-1	X
		JSD-1-2	Y			JSD-7-2	Y
		JSD-1-3	Z			JSD-7-3	Z
罐底	33	JSD-2-1	X	穹顶	253	JSD-8-1	X
		JSD-2-2	Y			JSD-8-2	Y
		JSD-2-3	Z			JSD-8-3	Z
罐体(外壁)	63	JSD-3-1	X	罐体(内壁)	63	JSD-9-1	X
		JSD-3-2	Y			JSD-9-2	Y
		JSD-3-3	Z			JSD-9-3	Z
罐体(外壁)	102	JSD-4-1	X	罐体(内壁)	102	JSD-10-1	X
		JSD-4-2	Y			JSD-10-2	Y
		JSD-4-3	Z			JSD-10-3	Z
罐体(外壁)	138	JSD-5-1	X	罐体(内壁)	138	JSD-11-1	X
		JSD-5-2	Y			JSD-11-2	Y
		JSD-5-3	Z			JSD-11-3	Z
罐顶	233	JSD-6-1	X	罐体(内壁)	213	JSD-12-1	X
		JSD-6-2	Y			JSD-12-2	Y
		JSD-6-3	Z			JSD-12-3	Z

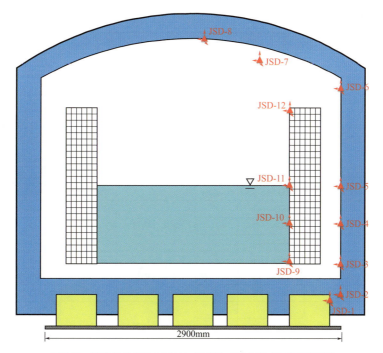

图7.5 模拟地震振动台试验加速度传感器布置（无隔震储罐）

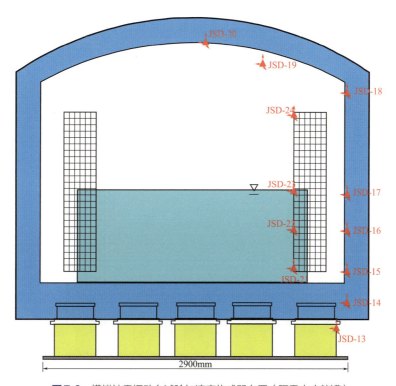

图7.6 模拟地震振动台试验加速度传感器布置（隔震支座储罐）

7 超大容积 LNG 储罐减隔震结构振动台试验研究

表7.3 模拟地震振动台试验加速度传感器布置（隔震支座储罐）

位置	高度/cm	编号	方向	位置	高度/cm	编号	方向
桩头	33	JSD-13-1	X	穹顶1/2处	259.5	JSD-19-1	X
		JSD-13-2	Y			JSD-19-2	Y
		JSD-13-3	Z			JSD-19-3	Z
罐底	49.5	JSD-14-1	X	穹顶	269.5	JSD-20-1	X
		JSD-14-2	Y			JSD-20-2	Y
		JSD-14-3	Z			JSD-20-3	Z
罐体（外壁）	79.5	JSD-15-1	X	罐体（内壁）	79.5	JSD-21-1	X
		JSD-15-2	Y			JSD-21-2	Y
		JSD-15-3	Z			JSD-21-3	Z
罐体（外壁）	118.5	JSD-16-1	X	罐体（内壁）	118.5	JSD-22-1	X
		JSD-16-2	Y			JSD-22-2	Y
		JSD-16-3	Z			JSD-22-3	Z
罐体（外壁）	154.5	JSD-17-1	X	罐体（内壁）	154.5	JSD-23-1	X
		JSD-17-2	Y			JSD-23-2	Y
		JSD-17-3	Z			JSD-23-3	Z
罐顶	249.5	JSD-18-1	X	罐体（内壁）	229.5	JSD-24-1	X
		JSD-18-2	Y			JSD-24-2	Y
		JSD-18-3	Z			JSD-24-3	Z

为测量各试验工况下结构的位移响应，在隔震罐与无隔震罐结构穹顶顶部分别布置了X向、Y向的美国Unimeasure拉线式位移传感器，位移传感器共计4个，其布置位置如图7.7、图7.8和表7.4所示。

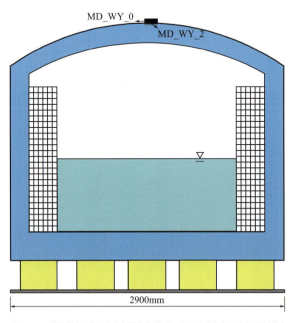

图7.7 模拟地震振动台试验位移传感器布置（无隔震储罐）

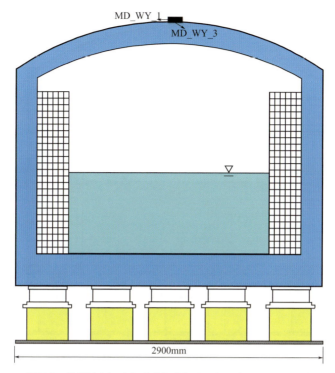

图 7.8 模拟地震振动台试验位移传感器布置（隔震支座储罐）

表 7.4 模拟地震振动台试验位移传感器布置

编号	位置	方向
MD_WY_0	无隔震罐顶	X
MD_WY_1	隔震罐顶	X
MD_WY_2	无隔震罐顶	Y
MD_WY_3	隔震罐顶	Y

储罐应变片布置方案如下。

① 桩：隔震罐和无隔震罐支座测点处在 X、Y 方向分别布置 1 个应变片。

② 内罐：隔震罐和无隔震罐内罐沿高度方向分别有 4 个测点，每个测点 X、Y 方向分别布置 1 个应变片。

③ 外罐：在罐体及其穹顶处共有 7 个测点（穹顶有 2 个测点，罐体沿高度方向有 5 个测点），每个测点 X、Y 方向分别布置 1 个应变片。其布置位置如图 7.9、图 7.10 和表 7.5、表 7.6 所示。

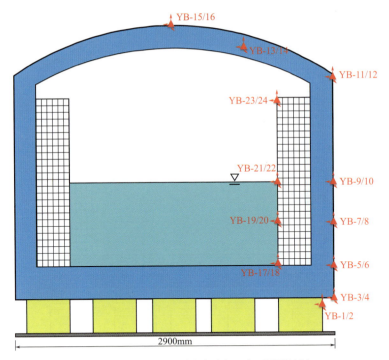

图 7.9 模拟地震振动台试验应变片布置（无隔震储罐）

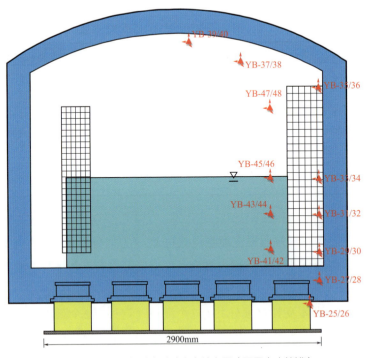

图 7.10 模拟地震振动台试验应变片布置（隔震支座储罐）

表7.5　模拟地震振动台试验应变片布置（无隔震储罐）

位置	高度/cm	编号	方向	位置	高度/cm	编号	方向
桩头	33	YB-1	X	穹顶1/2处	243	YB-13	X
		YB-2	Y			YB-14	Y
罐底	33	YB-3	X	穹顶	253	YB-15	X
		YB-4	Y			YB-16	Y
罐体（外壁）	63	YB-5	X	罐体（内壁）	63	YB-17	X
		YB-6	Y			YB-18	Y
罐体（外壁）	102	YB-7	X	罐体（内壁）	102	YB-19	X
		YB-8	Y			YB-20	Y
罐体（外壁）	138	YB-9	X	罐体（内壁）	138	YB-21	X
		YB-10	Y			YB-22	Y
罐顶	233	YB-11	X	罐体（内壁）	213	YB-23	X
		YB-12	Y			YB-24	Y

表7.6　模拟地震振动台试验应变片布置（隔震支座储罐）

位置	高度/cm	编号	方向	位置	高度/cm	编号	方向
桩头	33	YB-25	X	穹顶1/2处	259.5	YB-37	X
		YB-26	Y			YB-38	Y
罐底	49.5	YB-27	X	穹顶	269.5	YB-39	X
		YB-28	Y			YB-40	Y
罐体（外壁）	79.5	YB-29	X	罐体（内壁）	79.5	YB-41	X
		YB-30	Y			YB-42	Y
罐体（外壁）	118.5	YB-31	X	罐体（内壁）	118.5	YB-43	X
		YB-32	Y			YB-44	Y
罐体（外壁）	154.5	YB-33	X	罐体（内壁）	154.5	YB-45	X
		YB-34	Y			YB-46	Y
罐顶	249.5	YB-35	X	罐体（内壁）	229.5	YB-47	X
		YB-36	Y			YB-48	Y

7.2.5　加载方案

试验选取了三条天然波（El-Centro波、Taft波和汶川卧龙波）以及一组人工地震动作为振动台台面输入激励，峰值加速度分别取 $0.1g$、$0.25g$、$0.5g$、$0.75g$，地震烈度分别为7度设防、7.5度罕遇、8.5度罕遇和9.5度罕遇。

选取的地震动时程曲线如图7.11所示，试验工况表见表7.7。

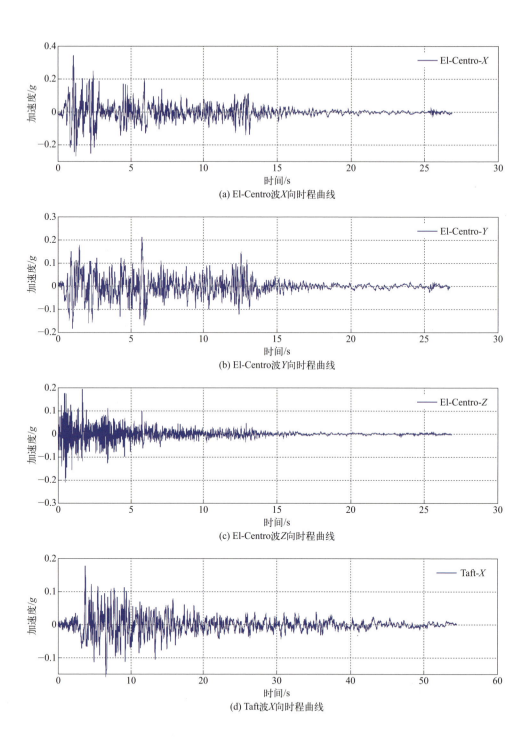

(a) El-Centro波X向时程曲线

(b) El-Centro波Y向时程曲线

(c) El-Centro波Z向时程曲线

(d) Taft波X向时程曲线

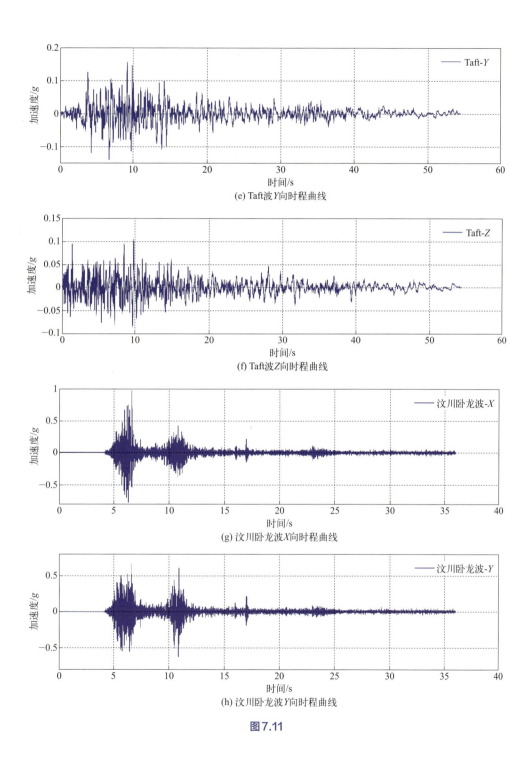

(e) Taft波Y向时程曲线

(f) Taft波Z向时程曲线

(g) 汶川卧龙波X向时程曲线

(h) 汶川卧龙波Y向时程曲线

图7.11

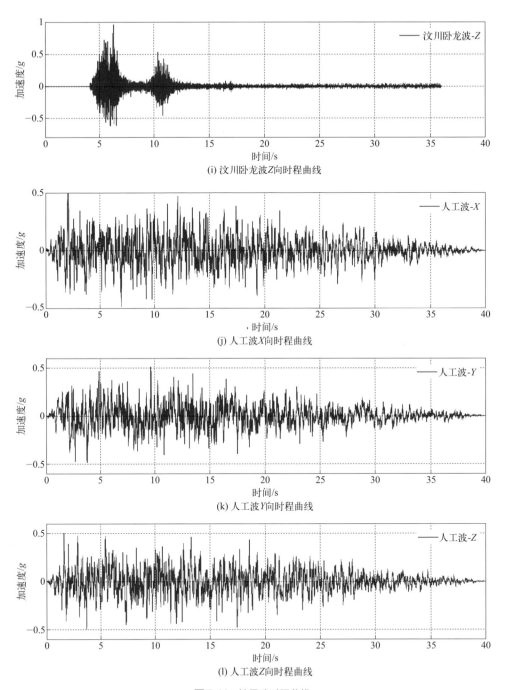

(i) 汶川卧龙波Z向时程曲线

(j) 人工波X向时程曲线

(k) 人工波Y向时程曲线

(l) 人工波Z向时程曲线

图 7.11 地震动时程曲线

表7.7 试验工况

编号	地震动	振动方向	地震动加速度峰值/g
1	白噪声	X,Y,Z	0.05
2	汶川卧龙波	X	0.10
3	汶川卧龙波	X,Z	0.10
4	汶川卧龙波	X,Y,Z	0.10
5	人工波	X,Z	0.10
6	人工波	X,Y,Z	0.10
7	白噪声	X,Y,Z	0.05
8	汶川卧龙波	X	0.25
9	汶川卧龙波	X,Z	0.25
10	汶川卧龙波	X,Y,Z	0.25
11	人工波	X,Z	0.25
12	人工波	X,Y,Z	0.25
13	白噪声	X,Y,Z	0.05
14	汶川卧龙波	X	0.50
15	汶川卧龙波	X,Z	0.50
16	汶川卧龙波	X,Y,Z	0.50
17	El-Centro波	X	0.50
18	El-Centro波	X,Z	0.50
19	Taft波	X,Z	0.50
20	Taft波	X,Y,Z	0.50
21	人工波	X	0.50
22	人工波	X,Z	0.50
23	人工波	X,Y,Z	0.50
24	白噪声	X,Y,Z	0.05
25	汶川卧龙波	X	0.75
26	汶川卧龙波	X,Z	0.75
27	汶川卧龙波	X,Y,Z	0.75
28	El-Centro波	X	0.75
29	El-Centro波	X,Z	0.75
30	Taft波	X,Z	0.75
31	Taft波	X,Y,Z	0.75
32	人工波	X	0.75
33	人工波	X,Z	0.75
34	人工波	X,Y,Z	0.75
35	白噪声	X,Y,Z	0.05

7.3 超大容积LNG储罐减隔震结构振动台试验分析

7.3.1 空罐状态试验

（1）动力特性

每次经台面输入地震激励后，模型结构的自振频率和阻尼比都将发生变化。因此，在输入不同水准台面地震激励前后，均采用白噪声对模型结构进行扫频，以得到模型自振频率和结构阻尼比的变化情况，并由此确定结构振型的变化和刚度下降的幅度。

由于本试验的振动台台面输入激励峰值加速度分别取0.1g、0.25g、0.5g、0.75g，因此共进行5次白噪声扫频测试，表7.8和表7.9分别列出了白噪声扫频时空罐状态下无隔震与隔震模型的结构自振频率和阻尼比。当振动台台面输入加速度峰值增大时，无隔震结构的空罐自振频率由16.8Hz降至15.0Hz，阻尼比由2.56%升至5.16%；有隔震结构的空罐自振频率由7.3Hz降至6.4Hz，阻尼比由4.69%升至4.81%。说明空罐状态下不论是否隔震，随着输入地震动加速度峰值的增大，结构的自振频率有逐渐减小的趋势，而结构阻尼比有逐渐增大的趋势。另外，对比无隔震结构与有隔震结构的空罐，可以发现同样的加载工况下，有隔震结构的自振频率均较低、结构阻尼比均较高，说明模型经过隔震之后结构自振周期延长，可以耗散更多的地震能量，抗震性能大幅提高。

表7.8 空罐模型结构自振频率

工况	无隔震模型的自振频率 /Hz	隔震模型的自振频率 /Hz
白噪声1	16.8	7.3
白噪声2	15.7	7.0
白噪声3	15.7	6.9
白噪声4	15.2	6.5
白噪声5	15.0	6.4

表7.9 空罐模型结构阻尼比

工况	无隔震模型的阻尼比 /%	隔震模型的阻尼比 /%
白噪声1	2.56	4.69
白噪声2	2.85	3.06
白噪声3	2.62	4.26
白噪声4	4.52	4.67
白噪声5	5.16	4.81

（2）加速度响应

为了方便对比无隔震结构与隔震结构不同高程处的加速度放大系数，用层号定义各个测点的位置。按照从低到高的顺序将振动台台面、桩头、外罐壁底部、外罐壁距底部30cm处、外罐壁距底部69cm处、外罐壁距底部105cm处以及穹顶1/2处分别定义为0层、1层、2层、3层、4层、5层和6层。定义各测点加速度峰值与振动台输入地震动峰值的比值为罐体各测点的加速度放大系数，绘制出不同加载工况下无隔震结构与隔震结构沿层号的加速度放大系数。

表7.10给出了在地震动加速度峰值为0.25g的汶川卧龙波X、Z向激励下，内罐测点的加速度响应对比。图7.12给出了外罐测点的X、Z向加速度放大系数。对比隔震与无隔震罐沿高度方向的加速度响应，隔震罐的内罐X、Z向加速度响应和外罐X向加速度放大系数均有所减小。

表7.10 汶川卧龙波(0.25g)X、Z向激励下加速度响应对比（内罐测点）

位置	X向			Z向		
	无隔震加速度响应	隔震加速度响应	隔震率	无隔震加速度响应	隔震加速度响应	隔震率
内罐壁距底部39cm处	0.5	0.47	6.00%	0.17	0.04	76.47%
内罐壁距底部75cm处	0.52	0.47	9.62%	0.19	0.06	68.42%
内罐壁顶部	0.55	0.46	16.36%	0.23	0.12	47.83%

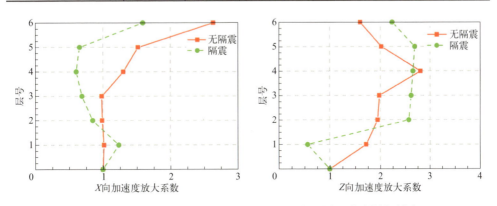

图7.12 汶川卧龙波(0.25g)X、Z向激励下加速度放大系数（外罐测点）

表7.11给出了在地震动加速度峰值为0.25g的汶川卧龙波X、Y、Z向激励下，内罐测点的加速度响应对比。图7.13给出了外罐测点的X、Y、Z向加速度放大系数。对比隔震与无隔震罐沿高度方向的加速度响应，隔震罐的内罐X、Y、Z向加速度响应和外罐X、Y向加速度放大系数均有所减小。

表 7.11 汶川卧龙波(0.25g)X、Y、Z向激励下加速度响应对比（内罐测点）

位置	X向			Y向			Z向		
	无隔震加速度响应	隔震加速度响应	隔震率	无隔震加速度响应	隔震加速度响应	隔震率	无隔震加速度响应	隔震加速度响应	隔震率
内罐壁距底部39cm处	0.83	0.48	42.17%	0.67	0.28	58.21%	0.23	0.17	26.09%
内罐壁距底部75cm处	0.84	0.48	42.86%	0.87	0.37	57.47%	0.24	0.18	25.00%
内罐壁顶部	0.87	0.49	43.68%	1.20	0.61	49.17%	0.40	0.21	47.50%

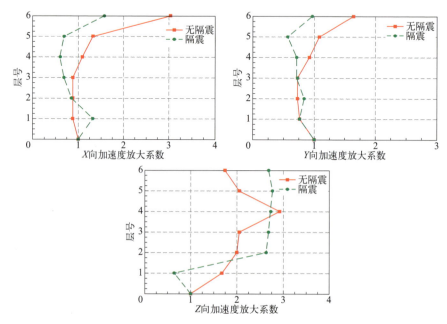

图 7.13 汶川卧龙波(0.25g)X、Y、Z向激励下加速度放大系数（外罐测点）

表 7.12 给出了在地震动加速度峰值为 0.25g 的人工波 X、Z 向激励下，内罐测点的加速度响应对比。图 7.14 给出了外罐测点的 X、Z 向加速度放大系数。对比隔震与无隔震罐沿高度方向的加速度响应，隔震罐的内罐 X、Z 向加速度响应和外罐 X 向加速度放大系数均有所减小。

表 7.12 人工波(0.25g)X、Z向激励下加速度响应对比（内罐测点）

位置	X向			Z向		
	无隔震加速度响应	隔震加速度响应	隔震率	无隔震加速度响应	隔震加速度响应	隔震率
内罐壁距底部39cm处	0.66	0.40	39.39%	0.18	0.08	55.56%
内罐壁距底部75cm处	0.66	0.40	39.39%	0.17	0.12	29.41%
内罐壁顶部	0.68	0.40	41.18%	0.25	0.23	8.00%

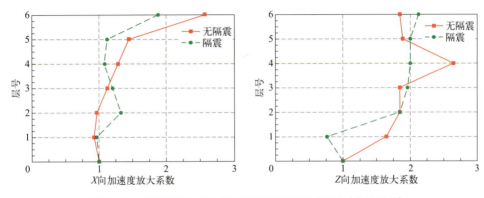

图7.14 人工波(0.25g)X、Z向激励下加速度放大系数（外罐测点）

表7.13给出了在地震动加速度峰值为0.25g的人工波X、Y、Z向激励下，内罐测点的加速度响应对比。图7.15给出了外罐测点的X、Y、Z向加速度放大系数。对比隔震与无隔震罐沿高度方向的加速度响应，隔震罐的内罐X、Y、Z向加速度响应和外罐X、Y向加速度放大系数均有所减小。

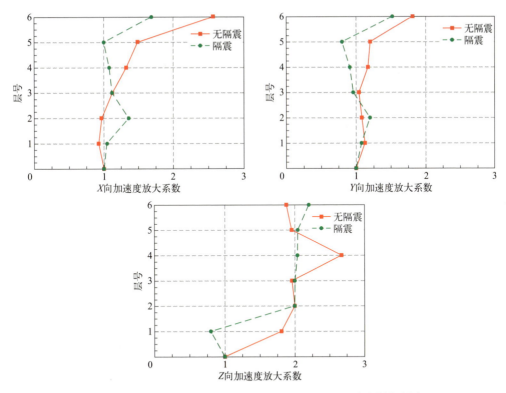

图7.15 人工波(0.25g)X、Y、Z向激励下加速度放大系数（外罐测点）

表7.13 人工波(0.25g)X、Y、Z向激励下加速度响应对比（内罐测点）

位置	X向			Y向			Z向		
	无隔震加速度响应	隔震加速度响应	隔震率	无隔震加速度响应	隔震加速度响应	隔震率	无隔震加速度响应	隔震加速度响应	隔震率
内罐壁距底部39cm处	0.68	0.40	41.18%	0.75	0.35	53.33%	0.27	0.22	18.52%
内罐壁距底部75cm处	0.69	0.40	42.03%	0.96	0.47	51.04%	0.28	0.22	21.43%
内罐壁顶部	0.68	0.39	42.65%	1.27	0.76	40.16%	0.36	0.31	13.89%

表7.14给出了在地震动加速度峰值为0.5g的汶川卧龙波X向激励下，内罐测点的加速度响应对比。图7.16给出了外罐测点的X向加速度放大系数。对比隔震与无隔震罐沿高度方向的加速度响应，隔震罐的内罐X向加速度响应和外罐X向加速度放大系数均有所减小。

表7.14 汶川卧龙波(0.5g)X向激励下加速度放大系数（内罐测点）

位置	X向		
	无隔震加速度响应	隔震加速度响应	隔震率
内罐壁距底部39cm处	0.63	0.43	31.75%
内罐壁距底部75cm处	0.64	0.44	31.25%
内罐壁顶部	0.67	0.44	34.33%

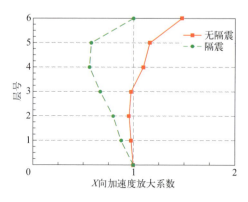

图7.16 汶川卧龙波(0.5g)X向激励下加速度放大系数（外罐测点）

表7.15给出了在地震动加速度峰值为0.5g的汶川卧龙波X、Z向激励下，内罐测点的加速度响应对比。图7.17给出了外罐测点的X、Z向加速度放大系数。对比隔震与无隔震罐沿高度方向的加速度响应，隔震罐的内罐X、Z向加速度响应和外罐X向加速度放大系数均有所减小。

表7.15　汶川卧龙波(0.5g)X、Z向激励下加速度响应对比（内罐测点）

位置	X向			Z向		
	无隔震加速度响应	隔震加速度响应	隔震率	无隔震加速度响应	隔震加速度响应	隔震率
内罐壁距底部39cm处	1.93	0.88	54.40%	0.57	0.13	77.19%
内罐壁距底部75cm处	2.00	0.87	56.50%	0.47	0.17	63.83%
内罐壁顶部	2.13	0.83	61.03%	1.14	0.36	68.42%

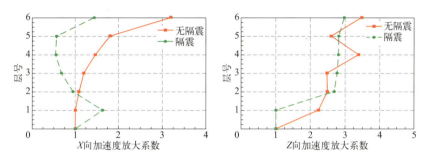

图7.17　汶川卧龙波(0.5g)X、Z向激励下加速度放大系数（外罐测点）

表7.16给出了在地震动加速度峰值为0.5g的Taft波X、Z向激励下，内罐测点的加速度响应对比。图7.18给出了外罐测点的X、Z向加速度放大系数。对比隔震与无隔震罐沿高度方向的加速度响应，隔震罐的内罐X、Z向加速度响应和外罐X、Z向加速度放大系数均有所减小。

表7.16　Taft波(0.5g)X、Z向激励下加速度响应对比（内罐测点）

位置	X向			Z向		
	无隔震加速度响应	隔震加速度响应	隔震率	无隔震加速度响应	隔震加速度响应	隔震率
内罐壁距底部39cm处	1.47	0.79	46.26%	0.59	0.19	67.80%
内罐壁距底部75cm处	1.58	0.79	50.00%	0.61	0.31	49.18%
内罐壁顶部	1.59	0.78	50.94%	0.72	0.57	20.83%

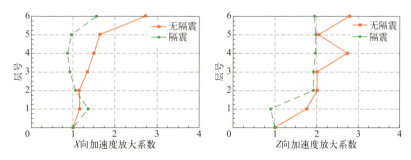

图7.18　Taft波(0.5g)X、Z向激励下加速度放大系数（外罐测点）

表7.17给出了在地震动峰值加速度为0.5g的Taft波X、Y、Z向激励下,内罐测点的加速度响应对比。图7.19给出了外罐测点的X、Y、Z向加速度放大系数。对比隔震与无隔震罐沿高度方向的加速度响应,隔震罐的内罐X、Y、Z向加速度响应和外罐X向加速度放大系数均有所减小。

表7.17 Taft波(0.5g)X、Y、Z向激励下加速度响应对比(内罐测点)

位置	X向			Y向			Z向		
	无隔震加速度响应	隔震加速度响应	隔震率	无隔震加速度响应	隔震加速度响应	隔震率	无隔震加速度响应	隔震加速度响应	隔震率
内罐壁距底部39cm处	1.32	0.87	34.09%	1.46	0.94	35.62%	1.07	0.51	52.34%
内罐壁距底部75cm处	1.39	0.87	37.41%	1.54	1.36	11.69%	1.07	0.48	55.14%
内罐壁顶部	1.44	0.85	40.97%	2.70	2.80	−3.70%	1.56	0.70	55.13%

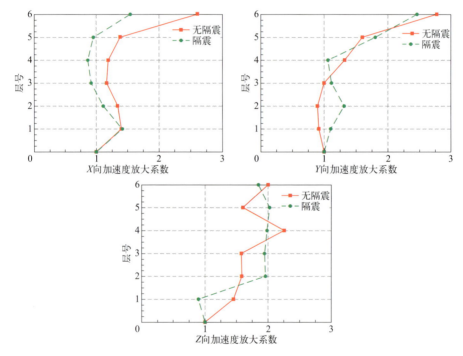

图7.19 Taft波(0.5g)X、Y、Z向激励下加速度放大系数(外罐测点)

表7.18给出了在地震动加速度峰值为0.5g的人工波X向激励下,内罐测点的加速度响应对比。图7.20给出了外罐测点的X向加速度放大系数。对比隔震与无隔震罐沿高度方向的加速度响应,隔震罐的内罐X向加速度响应和外罐X向加速度放大系数均有所减小。

表7.18　人工波(0.5g)X向激励下加速度响应对比（内罐测点）

位置	X向		
	无隔震加速度响应	隔震加速度响应	隔震率
内罐壁距底部39cm处	0.76	0.55	27.63%
内罐壁距底部75cm处	0.79	0.55	30.38%
内罐壁顶部	0.87	0.56	35.63%

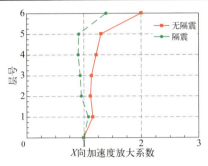

图7.20　人工波(0.5g)X向激励下加速度放大系数（外罐测点）

表7.19给出了在地震动加速度峰值为0.5g的人工波X、Z向激励下，内罐测点的加速度响应对比。图7.21给出了外罐测点的X、Z向加速度放大系数。对比隔震与无隔震罐沿高度方向的加速度响应，隔震罐的内罐X、Z向加速度响应和外罐X、Z向加速度放大系数均有所减小。

表7.19　人工波(0.5g)X、Z向激励下加速度响应对比（内罐测点）

位置	X向			Z向		
	无隔震加速度响应	隔震加速度响应	隔震率	无隔震加速度响应	隔震加速度响应	隔震率
内罐壁距底部39cm处	2.94	0.83	71.77%	0.70	0.21	70.00%
内罐壁距底部75cm处	2.84	0.83	70.77%	0.42	0.24	42.86%
内罐壁顶部	2.82	0.82	70.92%	1.42	0.47	66.90%

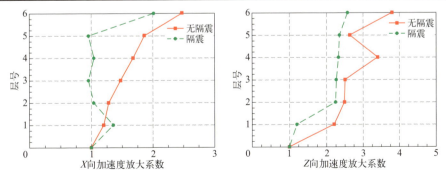

图7.21　人工波(0.5g)X、Z向激励下加速度放大系数（外罐测点）

表7.20给出了在地震动加速度峰值为0.5g的人工波X、Y、Z向激励下,内罐测点的加速度响应对比。图7.22给出了外罐测点的X、Y、Z向加速度放大系数。对比隔震与无隔震罐沿高度方向的加速度响应,隔震罐的内罐X、Y、Z向加速度响应和外罐X、Y、Z向加速度放大系数均有所减小。

表7.20 人工波(0.5g)X、Y、Z向激励下加速度响应对比(内罐测点)

位置	X向			Y向			Z向		
	无隔震加速度响应	隔震加速度响应	隔震率	无隔震加速度响应	隔震加速度响应	隔震率	无隔震加速度响应	隔震加速度响应	隔震率
内罐壁距底部39cm处	2.73	0.79	71.06%	2.16	0.75	65.28%	0.71	0.38	46.48%
内罐壁距底部75cm处	2.86	0.80	72.03%	2.04	1.06	48.04%	0.80	0.41	48.75%
内罐壁顶部	2.68	0.78	70.90%	2.79	1.79	35.84%	2.12	0.51	75.94%

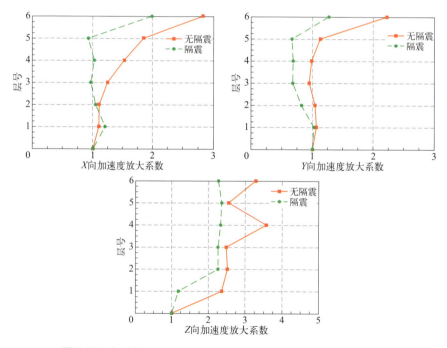

图7.22 人工波(0.5g)X、Y、Z向激励下加速度放大系数(外罐测点)

表7.21给出了在地震动加速度峰值为0.75g的汶川卧龙波X向激励下,内罐测点的加速度响应对比。图7.23给出了外罐测点的X向加速度放大系数。对比隔震与无隔震罐沿高度方向的加速度响应,隔震罐的内罐X向加速度响应和外罐X向加速度放大系数均有所减小。

表7.21 汶川卧龙波(0.75g)X向激励下加速度响应对比（内罐测点）

位置	X向		
	无隔震加速度响应	隔震加速度响应	隔震率
内罐壁距底部39cm处	0.95	0.78	17.89%
内罐壁距底部75cm处	0.87	0.78	10.34%
内罐壁顶部	0.83	0.77	7.23%

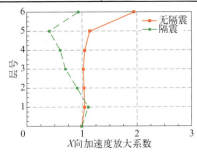

图7.23 汶川卧龙波(0.75g)X向激励下加速度放大系数（外罐测点）

表7.22给出了在地震动加速度峰值为0.75g的汶川卧龙波X、Z向激励下，内罐测点的加速度响应对比。图7.24给出了外罐测点的X、Z向加速度放大系数。对比隔震与无隔震罐沿高度方向的加速度响应，隔震罐的内罐X、Z向加速度响应和外罐X、Z向加速度放大系数均有所减小。

表7.22 汶川卧龙波(0.75g)X、Z向激励下加速度响应对比（内罐测点）

位置	X向			Z向		
	无隔震加速度响应	隔震加速度响应	隔震率	无隔震加速度响应	隔震加速度响应	隔震率
内罐壁距底部39cm处	4.72	2.23	52.75%	1.53	0.77	49.67%
内罐壁距底部75cm处	4.68	2.25	51.92%	2.08	1.02	50.96%
内罐壁顶部	4.59	2.22	51.63%	2.62	1.57	40.08%

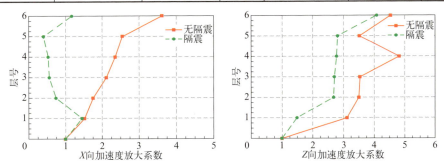

图7.24 汶川卧龙波(0.75g)X、Z向激励下加速度放大系数（外罐测点）

表7.23给出了在地震动加速度峰值为0.75g的汶川卧龙波X、Y、Z向激励下，内罐测点的加速度响应对比。图7.25给出了外罐测点的X、Y、Z向加速度放大系数。对比隔震与无隔震罐沿高度方向的加速度响应，隔震罐的内罐X、Y、Z向加速度响应和外罐X、Y、Z向加速度放大系数均有所减小。

表7.23 汶川卧龙波(0.75g)X、Y、Z向激励下加速度响应对比（内罐测点）

位置	X向			Y向			Z向		
	无隔震加速度响应	隔震加速度响应	隔震率	无隔震加速度响应	隔震加速度响应	隔震率	无隔震加速度响应	隔震加速度响应	隔震率
内罐壁距底部39cm处	3.77	2.39	36.60%	2.66	1.29	51.50%	1.77	0.49	72.32%
内罐壁距底部75cm处	3.63	2.49	31.40%	2.8	1.73	38.21%	1.35	0.61	54.81%
内罐壁顶部	3.59	2.52	29.81%	3.94	2.93	25.63%	3.32	0.96	71.08%

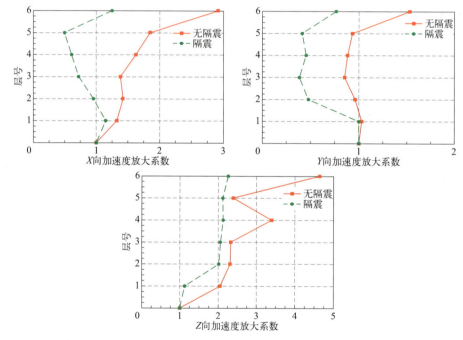

图7.25 汶川卧龙波(0.75g)X、Y、Z向激励下加速度放大系数（外罐测点）

表7.24给出了在地震动加速度峰值为0.75g的人工波X向激励下，内罐测点的加速度响应对比。图7.26给出了外罐测点的X向加速度放大系数。对比隔震与无隔震罐沿高度方向的加速度响应，隔震罐的内罐X向加速度响应和外罐X向加速度放大系数均有所减小。

表7.24　人工波(0.75g)X向激励下加速度响应对比（内罐测点）

位置	X向		
	无隔震加速度响应	隔震加速度响应	隔震率
内罐壁距底部39cm处	1.92	0.66	65.63%
内罐壁距底部75cm处	2.32	0.66	71.55%
内罐壁顶部	2.49	0.67	73.09%

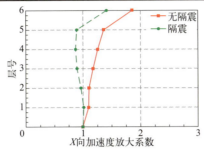

图7.26　人工波(0.75g)X向激励下加速度放大系数（外罐测点）

表7.25给出了在地震动加速度峰值为0.75g的人工波X、Z向激励下，内罐测点的加速度响应对比。图7.27给出了外罐测点的X、Z向加速度放大系数。对比隔震与无隔震罐沿高度方向的加速度响应，隔震罐的内罐X、Z向加速度响应和外罐X、Z向加速度放大系数均有所减小。

表7.25　人工波(0.75g)X、Z向激励下加速度响应对比（内罐测点）

位置	X向			Z向		
	无隔震加速度响应	隔震加速度响应	隔震率	无隔震加速度响应	隔震加速度响应	隔震率
内罐壁距底部39cm处	2.85	1.28	55.09%	1.90	1.18	37.89%
内罐壁距底部75cm处	2.87	1.26	56.10%	1.35	0.85	37.04%
内罐壁顶部	2.94	1.32	55.10%	1.83	1.00	45.36%

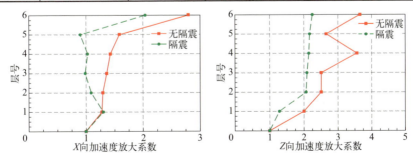

图7.27　人工波(0.75g)X、Z向激励下加速度放大系数（外罐测点）

7.3.2 半罐状态试验

(1) 动力特性

本试验共进行5次白噪声扫频测试，表7.26和表7.27分别列出了白噪声扫频时半罐状态下无隔震与隔震模型的结构自振频率和阻尼比。当振动台台面输入加速度峰值增大时，无隔震结构半罐的自振频率由16.0Hz降至15.0Hz，阻尼比由5.65%升至5.99%；有隔震结构半罐的自振频率由6.5Hz降至6.4Hz，阻尼比由4.03%升至7.63%。说明半罐状态下有隔震与无隔震结构，随着输入地震动加速度峰值的增大，自振频率会逐渐减小，结构阻尼比会逐渐增大。另外，通过对比无隔震结构与有隔震结构，可以发现同样的加载工况下，有隔震结构相比无隔震结构，自振频率变小、结构阻尼比变大，说明隔震可以延长结构自振周期，同时可以耗散更多的地震能量。

表7.26 半罐模型结构自振频率

工况	无隔震模型的自振频率 /Hz	隔震模型的自振频率 /Hz
白噪声1	16.0	6.5
白噪声2	16.0	6.5
白噪声3	15.4	6.5
白噪声4	15.0	6.4
白噪声5	15.0	6.4

表7.27 半罐模型结构阻尼比

工况	无隔震模型的阻尼比 /%	隔震模型的阻尼比 /%
白噪声1	5.65	4.03
白噪声2	5.00	6.41
白噪声3	6.67	5.11
白噪声4	7.17	4.46
白噪声5	5.99	7.63

(2) 加速度响应

各测点定义同7.3.1节。

表7.28给出了在地震动加速度峰值为0.25g的汶川卧龙波X、Z向激励下，内罐测点的加速度响应对比。图7.28给出了外罐测点的X、Z向加速度放大系数。对比隔震与无隔震罐沿高度方向的加速度响应，隔震罐的内罐X、Z向加速度响应和外罐X向加速度放大系数均有所减小。

表7.28 汶川卧龙波(0.25g)X、Z向激励下加速度响应对比（内罐测点）

位置	X向			Z向		
	无隔震加速度响应	隔震加速度响应	隔震率	无隔震加速度响应	隔震加速度响应	隔震率
内罐壁距底部39cm处	0.44	0.44	0.00%	0.13	0.04	69.23%
内罐壁距底部75cm处	0.44	0.44	0.00%	0.16	0.07	56.25%
内罐壁顶部	0.46	0.43	6.52%	0.25	0.14	44.00%

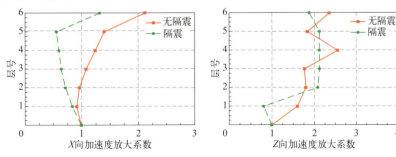

图7.28 汶川卧龙波(0.25g)X、Z向激励下加速度放大系数（外罐测点）

表7.29给出了在地震动加速度峰值为0.25g的人工波X、Z向激励下，内罐测点的加速度响应对比。图7.29给出了外罐测点的X、Z向加速度放大系数。对比隔震与无隔震罐沿高度方向的加速度响应，隔震罐的内罐X向加速度响应和外罐X向加速度放大系数均有所减小。

表7.29 人工波(0.25g)X、Z向激励下加速度响应对比（内罐测点）

位置	X向			Z向		
	无隔震加速度响应	隔震加速度响应	隔震率	无隔震加速度响应	隔震加速度响应	隔震率
内罐壁距底部39cm处	0.40	0.39	2.50%	0.11	0.08	27.27%
内罐壁距底部75cm处	0.40	0.40	0.00%	0.12	0.13	−8.33%
内罐壁顶部	0.42	0.40	4.76%	0.22	0.23	−4.55%

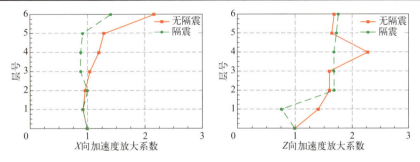

图7.29 人工波(0.25g)X、Z向激励下加速度放大系数（外罐测点）

表7.30给出了在地震动加速度峰值为0.25g的人工波X、Y、Z向激励下，内罐测点的加速度响应对比。图7.30给出了外罐测点的X、Y、Z向加速度放大系数。对比隔震与无隔震罐沿高度方向的加速度响应，隔震罐的内罐X、Y、Z向加速度响应和外罐X、Y、Z向加速度放大系数均有所减小。

表7.30 人工波(0.25g)X、Y、Z向激励下加速度响应对比（内罐测点）

位置	X向			Y向			Z向		
	无隔震加速度响应	隔震加速度响应	隔震率	无隔震加速度响应	隔震加速度响应	隔震率	无隔震加速度响应	隔震加速度响应	隔震率
内罐壁距底部39cm处	0.47	0.41	12.77%	0.33	0.28	15.15%	0.24	0.20	16.67%
内罐壁距底部75cm处	0.46	0.40	13.04%	0.43	0.36	16.28%	0.27	0.23	14.81%
内罐壁顶部	0.49	0.40	18.37%	0.64	0.63	1.56%	0.37	0.33	10.81%

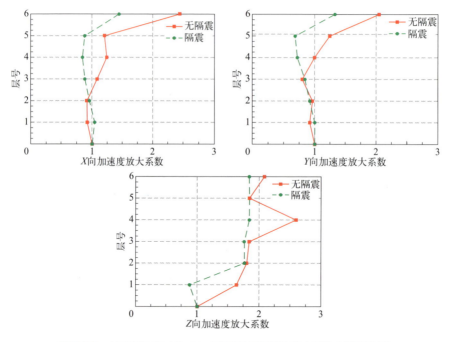

图7.30 人工波(0.25g)X、Y、Z向激励下加速度放大系数（外罐测点）

表7.31给出了在地震动加速度峰值为0.5g的汶川卧龙波X、Z向激励下，内罐测点的加速度响应对比。图7.31给出了外罐测点的X、Z向加速度放大系数。对比隔震与无隔震罐沿高度方向的加速度响应，隔震罐的内罐X、Z向加速度响应和外罐X、Z向加速度放大系数均有所减小。

表7.31 汶川卧龙波(0.5g)X、Z向激励下加速度响应对比（内罐测点）

位置	X向			Z向		
	无隔震加速度响应	隔震加速度响应	隔震率	无隔震加速度响应	隔震加速度响应	隔震率
内罐壁距底部39cm处	1.04	0.97	6.73%	0.30	0.14	53.33%
内罐壁距底部75cm处	1.04	0.98	5.77%	0.37	0.20	45.95%
内罐壁顶部	1.05	1.01	3.81%	0.67	0.36	46.27%

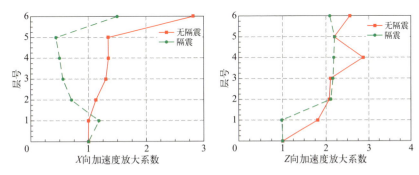

图7.31 汶川卧龙波(0.5g)X、Z向激励下加速度放大系数（外罐测点）

表7.32给出了在地震动加速度峰值为0.5g的汶川卧龙波X、Y、Z向激励下，内罐测点的加速度响应对比。图7.32给出了外罐测点的X、Y、Z向加速度放大系数。对比隔震与无隔震罐沿高度方向的加速度响应，隔震罐的内罐X、Y、Z向加速度响应和外罐X、Y、Z向加速度放大系数均有所减小。

表7.32 汶川卧龙波(0.5g)X、Y、Z向激励下加速度响应对比（内罐测点）

位置	X向			Y向			Z向		
	无隔震加速度响应	隔震加速度响应	隔震率	无隔震加速度响应	隔震加速度响应	隔震率	无隔震加速度响应	隔震加速度响应	隔震率
内罐壁距底部39cm处	1.02	0.94	7.84%	0.99	0.54	45.45%	0.50	0.26	48.00%
内罐壁距底部75cm处	1.04	0.92	11.54%	1.26	0.65	48.41%	0.55	0.26	52.73%
内罐壁顶部	1.07	0.99	7.48%	1.77	1.16	34.46%	0.78	0.46	41.03%

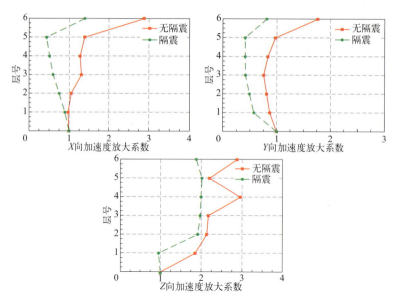

图7.32 汶川卧龙波(0.5g)X、Y、Z向激励下加速度放大系数（外罐测点）

表7.33给出了在地震动加速度峰值为0.5g的El-Centro波X、Z向激励下，内罐测点的加速度响应对比。图7.33给出了外罐测点的X、Z向加速度放大系数。对比隔震与无隔震罐沿高度方向的加速度响应，隔震罐的内罐X向加速度响应和外罐X、Z向加速度放大系数均有所减小。

表7.33 El-Centro波(0.5g)X、Z向激励下加速度响应对比（内罐测点）

位置	X 向			Z 向		
	无隔震加速度响应	隔震加速度响应	隔震率	无隔震加速度响应	隔震加速度响应	隔震率
内罐壁距底部39cm处	0.63	0.44	30.16%	0.11	0.11	0.00%
内罐壁距底部75cm处	0.61	0.44	27.87%	0.15	0.17	−13.33%
内罐壁顶部	0.62	0.43	30.65%	0.22	0.30	−36.36%

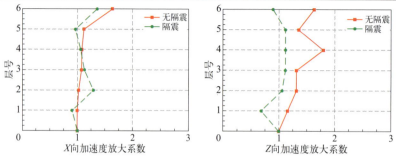

图7.33 El-Centro波(0.5g)X、Z向激励下加速度放大系数（外罐测点）

表7.34给出了在地震动加速度峰值为0.5g的Taft波X、Z向激励下，内罐测点的加速度响应对比。图7.34给出了外罐测点的X、Z向加速度放大系数。对比隔震与无隔震罐沿高度方向的加速度响应，隔震罐的内罐X、Z向加速度响应和外罐X、Z向加速度放大系数均有所减小。

表7.34　Taft波(0.5g)X、Z向激励下加速度响应对比（内罐测点）

位置	X向			Z向		
	无隔震加速度响应	隔震加速度响应	隔震率	无隔震加速度响应	隔震加速度响应	隔震率
内罐壁距底部39cm处	0.89	0.68	23.60%	0.30	0.15	50.00%
内罐壁距底部75cm处	0.93	0.68	26.88%	0.30	0.19	36.67%
内罐壁顶部	0.96	0.67	30.21%	0.52	0.42	19.23%

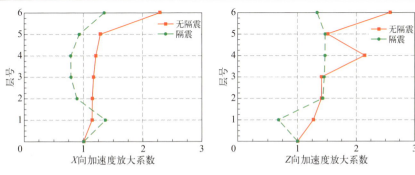

图7.34　Taft波(0.5g)X、Z向激励下加速度放大系数（外罐测点）

表7.35给出了在地震动加速度峰值为0.5g的Taft波X、Y、Z向激励下，内罐测点的加速度响应对比。图7.35给出了外罐测点的X、Y、Z向加速度放大系数。对比隔震与无隔震罐沿高度方向的加速度响应，隔震罐的内罐X、Y、Z向加速度响应和外罐X、Y、Z向加速度放大系数均有所减小。

表7.35　Taft波(0.5g)X、Y、Z向激励下加速度响应对比（内罐测点）

位置	X向			Y向			Z向		
	无隔震加速度响应	隔震加速度响应	隔震率	无隔震加速度响应	隔震加速度响应	隔震率	无隔震加速度响应	隔震加速度响应	隔震率
内罐壁距底部39cm处	0.99	0.70	29.29%	0.96	0.54	43.75%	0.65	0.42	35.38%
内罐壁距底部75cm处	1.01	0.72	28.71%	1.11	0.73	34.23%	0.80	0.46	42.50%
内罐壁顶部	1.03	0.71	31.07%	2.11	1.59	24.64%	1.25	0.70	44.00%

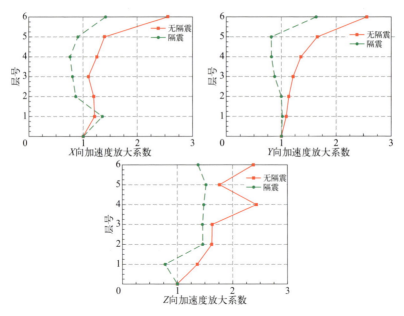

图7.35 Taft波(0.5g)X、Y、Z向激励下加速度放大系数（外罐测点）

表7.36给出了在地震动加速度峰值为0.5g的人工波X向激励下，内罐测点的加速度响应对比。图7.36给出了外罐测点的X向加速度放大系数。对比隔震与无隔震罐沿高度方向的加速度响应，隔震罐的内罐X向加速度响应和外罐X向加速度放大系数均有所减小。

表7.36 人工波(0.5g)X向激励下加速度响应对比（内罐测点）

位置	X向		
	无隔震加速度响应	隔震加速度响应	隔震率
内罐壁距底部39cm处	0.64	0.46	28.13%
内罐壁距底部75cm处	0.64	0.46	28.13%
内罐壁顶部	0.66	0.46	30.30%

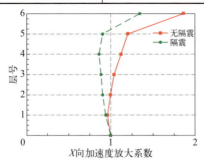

图7.36 人工波(0.5g)X向激励下加速度放大系数（外罐测点）

表7.37给出了在地震动加速度峰值为0.5g的人工波X、Z向激励下，内罐测点的加速度响应对比。图7.37给出了外罐测点的X、Z向加速度放大系数。对比隔震与无隔震罐沿高度方向的加速度响应，隔震罐的内罐X、Z向加速度响应和外罐X、Z向加速度放大系数均有所减小。

表7.37 人工波(0.5g)X、Z向激励下加速度响应对比（内罐测点）

位置	X 向			Z 向		
	无隔震加速度响应	隔震加速度响应	隔震率	无隔震加速度响应	隔震加速度响应	隔震率
内罐壁距底部39cm处	1.28	0.85	33.59%	0.51	0.23	54.90%
内罐壁距底部75cm处	1.28	0.85	33.59%	0.48	0.28	41.67%
内罐壁顶部	1.38	0.88	36.23%	0.77	0.52	32.47%

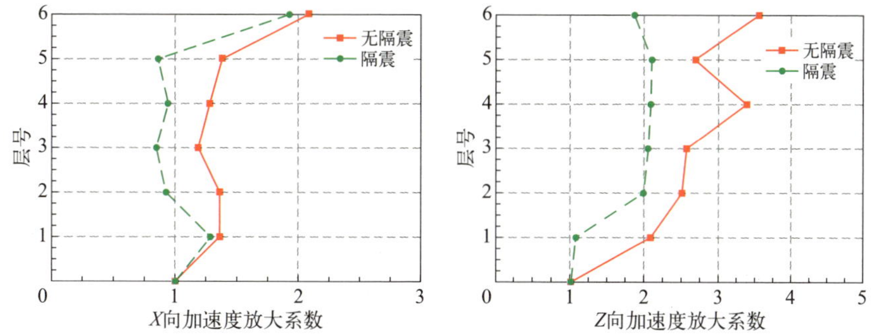

图7.37 人工波(0.5g)X、Z向激励下加速度放大系数（外罐测点）

表7.38给出了在地震动加速度峰值为0.5g的人工波X、Y、Z向激励下，内罐测点的加速度响应对比。图7.38给出了外罐测点的X、Y、Z向加速度放大系数。对比隔震与无隔震罐沿高度方向的加速度响应，隔震罐的内罐X、Y、Z向加速度响应和外罐X、Y向加速度放大系数均有所减小。

表7.38 人工波(0.5g)X、Y、Z向激励下加速度响应对比（内罐测点）

位置	X 向			Y 向			Z 向		
	无隔震加速度响应	隔震加速度响应	隔震率	无隔震加速度响应	隔震加速度响应	隔震率	无隔震加速度响应	隔震加速度响应	隔震率
内罐壁距底部39cm处	1.07	0.88	17.76%	1.00	0.66	34.00%	0.56	0.31	44.64%
内罐壁距底部75cm处	1.05	0.90	14.29%	1.36	0.75	44.85%	0.78	0.36	53.85%
内罐壁顶部	1.12	0.92	17.86%	2.30	1.68	26.96%	1.22	0.52	57.38%

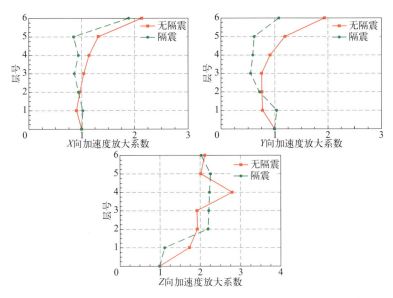

图7.38 人工波(0.5g)X、Y、Z向激励下加速度放大系数（外罐测点）

表7.39给出了在地震动加速度峰值为0.75g的汶川卧龙波X、Z向激励下，内罐测点的加速度响应对比。图7.39给出了外罐测点的X、Z向加速度放大系数。对比隔震与无隔震罐沿高度方向的加速度响应，隔震罐的内罐X、Z向加速度响应和外罐X、Z向加速度放大系数均有所减小。

表7.39 汶川卧龙波(0.75g)X、Z向激励下加速度响应对比（内罐测点）

位置	X向			Z向		
	无隔震加速度响应	隔震加速度响应	隔震率	无隔震加速度响应	隔震加速度响应	隔震率
内罐壁距底部39cm处	2.95	1.39	52.88%	0.81	0.28	65.43%
内罐壁距底部75cm处	2.91	1.41	51.55%	0.86	0.28	67.44%
内罐壁顶部	3.18	1.39	56.29%	1.32	0.54	59.09%

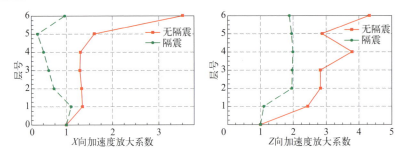

图7.39 汶川卧龙波(0.75g)X、Z向激励下加速度放大系数（外罐测点）

表7.40给出了在地震动加速度峰值为0.75g的汶川卧龙波X、Y、Z向激励下，内罐测点的加速度响应对比。图7.40给出了外罐测点的X、Y、Z向加速度放大系数。对比隔震与无隔震罐沿高度方向的加速度响应，隔震罐的内罐X、Y、Z向加速度响应和外罐X、Y、Z向加速度放大系数均有所减小。

表7.40 汶川卧龙波(0.75g)X、Y、Z向激励下加速度响应对比（内罐测点）

位置	X向			Y向			Z向		
	无隔震加速度响应	隔震加速度响应	隔震率	无隔震加速度响应	隔震加速度响应	隔震率	无隔震加速度响应	隔震加速度响应	隔震率
内罐壁距底部39cm处	3.29	1.25	62.01%	2.03	0.91	55.17%	0.98	0.37	62.24%
内罐壁距底部75cm处	3.07	1.26	58.96%	2.40	1.31	45.42%	1.18	0.45	61.86%
内罐壁顶部	3.09	1.28	58.58%	4.35	1.93	55.63%	1.53	0.78	49.02%

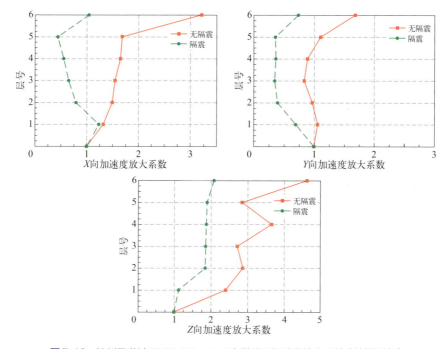

图7.40 汶川卧龙波(0.75g)X、Y、Z向激励下加速度放大系数（外罐测点）

表7.41给出了在地震动加速度峰值为0.75g的人工波X向激励下，内罐测点的加速度响应对比。图7.41给出了外罐测点的X向加速度放大系数。对比隔震与无隔震罐沿高度方向的加速度响应，隔震罐的内罐X向加速度响应和外罐X向加速度放大系数均有所减小。

表7.41　人工波(0.75g)X向激励下加速度响应对比（内罐测点）

位置	X向		
	无隔震加速度响应	隔震加速度响应	隔震率
内罐壁距底部39cm处	0.85	0.72	15.29%
内罐壁距底部75cm处	0.87	0.70	19.54%
内罐壁顶部	0.91	0.74	18.68%

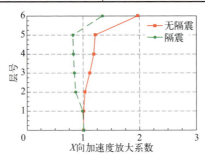

图7.41　人工波(0.75g)X向激励下加速度放大系数（外罐测点）

表7.42给出了在地震动加速度峰值为0.75g的人工波X、Z向激励下，内罐测点的加速度响应对比。图7.42给出了外罐测点的X、Z向加速度放大系数。对比隔震与无隔震罐沿高度方向的加速度响应，隔震罐的内罐X、Z向加速度响应和外罐X、Z向加速度放大系数均有所减小。

表7.42　人工波(0.75g)X、Z向激励下加速度响应对比（内罐测点）

位置	X向			Z向		
	无隔震加速度响应	隔震加速度响应	隔震率	无隔震加速度响应	隔震加速度响应	隔震率
内罐壁距底部39cm处	2.78	1.37	50.72%	0.76	0.46	39.47%
内罐壁距底部75cm处	2.91	1.39	52.23%	0.62	0.49	20.97%
内罐壁顶部	3.28	1.45	55.79%	1.09	0.98	10.09%

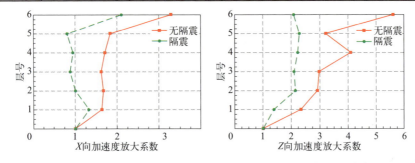

图7.42　人工波(0.75g)X、Z向激励下加速度放大系数（外罐测点）

表7.43给出了在地震动加速度峰值为0.75g的人工波X、Y、Z向激励下,内罐测点的加速度响应对比。图7.43给出了外罐测点的X、Y、Z向加速度放大系数。对比隔震与无隔震罐沿高度方向的加速度响应,隔震罐的内罐X、Y、Z向加速度响应和外罐X、Y、Z向加速度放大系数均有所减小。

表7.43 人工波(0.75g)X、Y、Z向激励下加速度响应对比(内罐测点)

位置	X向			Y向			Z向		
	无隔震加速度响应	隔震加速度响应	隔震率	无隔震加速度响应	隔震加速度响应	隔震率	无隔震加速度响应	隔震加速度响应	隔震率
内罐壁距底部39cm处	3.03	1.36	55.12%	2.73	0.99	63.74%	1.20	0.58	51.67%
内罐壁距底部75cm处	3.14	1.37	56.37%	2.73	1.59	41.76%	1.42	0.66	53.52%
内罐壁顶部	3.25	1.42	56.31%	4.52	2.65	41.37%	2.01	0.95	52.74%

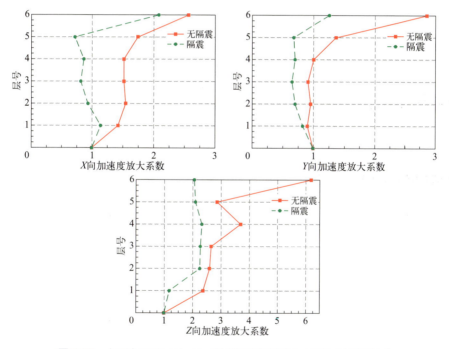

图7.43 人工波(0.75g)X、Y、Z向激励下加速度放大系数(外罐测点)

7.4　本章小结

本章针对LNG储罐隔震结构的隔震效果问题，开展不同地震荷载条件下的研究。选择三条天然波（El-Centro波、Taft波和汶川卧龙波）以及一组人工地震动X向、$X+Z$向和$X+Y+Z$向输入，峰值加速度分别取0.1g、0.25g、0.5g、0.75g，并依据储罐不同液位状态（空罐和半罐）设计了多个试验工况。通过分析罐体的加速度响应，得出了一系列结论。

① 对于罐体加速度响应，空罐状态与半罐状态响应相似，随着激励强度的增大，空罐与半罐状态下罐体均由弹性状态进入弹塑性状态，刚度退化，会产生不可恢复的微变形。

② 通过对比隔震与抗震条件下空罐与满罐沿高度方向的加速度响应可发现，在大多数工况下隔震罐的内罐X、Y、Z向加速度响应和外罐X、Y向加速度放大系数均有所减小，说明铅芯橡胶隔震支座能有效减小LNG空储罐在地震动作用下的加速度响应。

8

LNG 储罐抗震数值仿真分析与工程应用

8.1 概述

本章采用通用有限元软件ANSYS，按照搭建有限元模型、确定材料参数和属性、建立多荷载模型等步骤，计算了半地下LNG储罐、无隔震LNG储罐、带隔震LNG储罐三个实际工程项目的5类共13种基本荷载，涵盖了储罐建造、测试、运营期间的所有荷载，进行了112种ULS荷载工况及46种适用性极限状态（SLS）荷载工况的组合，并根据正常使用极限状态（ULS）荷载工况的计算结果进行了承台、外墙、穹顶主筋及剪力筋的设计，最后根据配置结果对混凝土裂缝宽度进行了验算。

8.2 超大容积LNG储罐抗震数值仿真分析与工程应用

8.2.1 有限元模型建立

（1）储罐有限元模型

储罐三维有限元模型采用大型通用有限元分析软件ANSYS进行有限元分析，建立的储罐整体三维有限元模型、储罐整体1/4剖面有限元模型如图8.1、8.2所示。

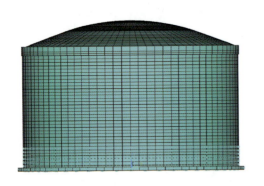

图8.1 储罐整体三维有限元模型

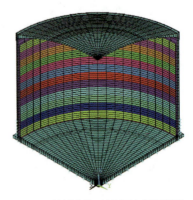

图8.2 储罐整体1/4剖面有限元模型

（2）模型的材料属性

储罐各部位的材料属性主要包括3大类：金属材料、钢筋混凝土、保冷材料。其中金属材料包括内罐、吊顶、预埋件、衬板与热角保护系统。钢筋混凝土材料包括桩基、承台、外墙、顶部环梁、穹顶等结构。保冷材料包括底部保冷材料、环形空间保冷材料、吊顶保冷材料。

① 金属材料属性见表8.1。

表8.1 储罐金属材料属性

材料名称	密度/(kg/m³)	屈服强度/MPa	极限强度/MPa	弹性模量/MPa	泊松比	热导率/[W/(m·℃)]	热膨胀系数/℃⁻¹
X7Ni9钢	7850	400	680	$1.95×10^5$@25℃ $2.04×10^5$@−165℃	0.3	50	$9.2×10^{-6}$
ASTM-B209 M5083-O（铝）	2670	125	275	$0.71×10^5$@25℃ $0.78×10^5$@−165℃	0.34	140	$18.5×10^{-6}$
S275J2	7850	275	410	$2.05×10^5$@25℃	0.3	50	$12.0×10^{-6}$
S355J2	7850	355	470		0.3	50	$12.0×10^{-6}$
不锈钢管/板 A358/312M-304/304L A240-304/304L	7850	205	515	$1.95×10^5$@25℃ $2.07×10^5$@−165℃	0.3	50	$15.0×10^{-6}$

② 钢筋混凝土材料属性如表8.2所示。

表8.2 储罐钢筋混凝土材料属性

材料名称	密度/(kg/m³)	弹性模量/MPa	泊松比	热膨胀系数/℃⁻¹	热导率/[W/(m·℃)]
混凝土	2400	与混凝土等级有关	0.2	$1.0×10^{-5}$	2.94
预应力钢绞线	—	$1.95×10^5$	0.3	$11.7×10^{-6}$	41
低温钢筋	—	$2.1×10^5$	0.3	$11.7×10^{-6}$	41
普通钢筋	—	$2.0×10^5$	0.3	$11.7×10^{-6}$	41

钢筋混凝土的刚度、强度与混凝土等级有关，钢筋的强度同型号和直径有关，GB 50010—2010《混凝土结构设计规范》给出的参数，如表8.3、表8.4所示，目前承台、外墙、穹顶使用的是C50混凝土，桩基础使用的是C40混凝土。

表8.3 不同型号混凝土力学特性

混凝土等级	C15	C20	C25	C30	C35	C40	C45	C50	C55	C60	C65	C70	C75	C80
弹性模量/10^4MPa	2.20	2.55	2.80	3.00	3.15	3.25	3.35	3.45	3.55	3.60	3.65	3.70	3.75	3.80
轴心抗压强度标准值/MPa	10.0	13.4	16.7	20.1	23.4	26.8	29.6	32.4	35.5	38.5	41.5	44.5	47.4	50.2

续表

混凝土等级	C15	C20	C25	C30	C35	C40	C45	C50	C55	C60	C65	C70	C75	C80
轴心抗拉强度标准值/MPa	1.27	1.54	1.78	2.01	2.20	2.39	2.51	2.64	2.74	2.85	2.93	2.99	3.05	3.11
轴心抗压强度设计值/MPa	7.2	9.6	11.9	14.3	16.7	19.1	21.1	23.1	25.3	27.5	29.7	31.8	33.8	35.9
轴心抗拉强度设计值/MPa	0.91	1.10	1.27	1.43	1.57	1.71	1.80	1.89	1.96	2.04	2.09	2.14	2.18	2.22

表8.4 普通钢筋强度标准与设计值

牌号	公称直径/mm	屈服强度标准值/MPa	极限强度标准值/MPa	抗拉强度设计值/MPa	抗压强度设计值/MPa
HPB300	6～22	300	420	270	270
HRB335 HRBF335	6～50	335	455	300	300
HRB400 HRBF400 RRB400	6～50	400	540	360	360
HRB500 HRBF500	6～50	500	630	435	435

注：HPB300为强度级别为300N/mm^{2}的热轧光圆钢筋；HRB335为强度级别为335N/mm^{2}的普通热轧带肋钢筋；HRBF335为强度级别为335N/mm^{2}的细晶粒热轧带肋钢筋；RRB400为强度级别为400N/mm^{2}的余热处理带肋钢筋，余同。

预应力钢筋的力学参数一般根据预应力设计报告取值，在不能获得预应力设计报告的情况下，可以根据规范GB 50010—2010《混凝土结构设计规范》进行取值。

储罐用保冷材料属性如表8.5所示。

表8.5 保冷材料的材料属性

保冷材料		密度/(kg/m^3)	弹性模量/MPa
膨胀珍珠岩		48～65	—
弹性毡		16	—
玻璃棉		12～16	—
泡沫玻璃砖	800型	120	900
	2400型	220	960

8.2.2 数值仿真分析

8.2.2.1 储罐荷载模型的建立

荷载模型的建立主要包括荷载大小、分布情况的确定，以及将各部位承受的荷载施加至相应的单元上，完成荷载模型建立后即可进行计算分析，以下给出各基本荷载的施加情况，并给出各个基本荷载计算完成后的储罐变形图。

（1）恒载

该模型中的恒载主要通过三种形式施加：①对于模型中大部分结构的重力荷载，通过设定材料密度、施加重力加速度的方式软件自动计算结构质量；②对于罐顶操作平台、消防平台以及吊顶产生的荷载，以质量单元的形式体现；③内外罐之间环形空间的膨胀珍珠岩保温层产生的荷载，通过分布压力的形式施加于内罐、外墙与承压环梁上面，荷载模型如图8.3所示，该荷载计算完成后的储罐变形图如图8.4所示。

对于施工工况，计算其恒载时，需要将穹顶混凝土单元及施工洞口的混凝土单元Ekill，采用同样的方法施加重力加速度计算，如图8.5所示，该荷载计算完成后的储罐变形图如图8.6所示。

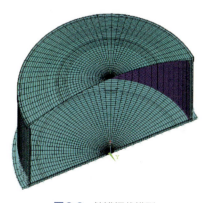

图8.3 储罐恒载模型

图8.4 储罐恒载位移云图

图8.5 储罐恒载模型（施工工况）

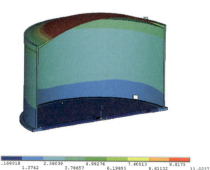

图8.6 储罐恒载位移云图（施工工况）

(2) 活荷载

根据规范，罐顶分布活荷载为 1.2 kPa，走道活荷载为 2.4 kPa，顶部作用集中力 5000N，荷载模型如图 8.7 所示，该荷载计算完成后的储罐变形图如图 8.8 所示。

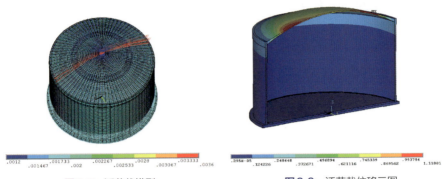

图 8.7 活荷载模型　　　　　　图 8.8 活荷载位移云图

(3) 风荷载

将风压分布函数编入软件中，ANSYS 将根据模型中每个节点的坐标位置计算出该点的风压值，得到的风压沿罐壁和穹顶分布如图 8.9～图 8.11 所示，风荷载计算完成后的储罐变形图如图 8.12 所示。

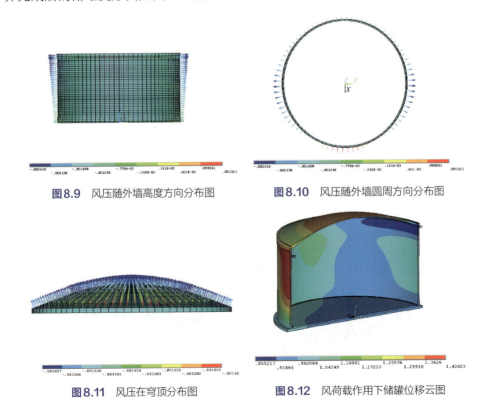

图 8.9 风压随外墙高度方向分布图　　　图 8.10 风压随外墙圆周方向分布图

图 8.11 风压在穹顶分布图　　　　　　图 8.12 风荷载作用下储罐位移云图

（4）施工荷载

① 气升顶荷载　气升顶过程中对顶衬板施加2.125kPa的压力，荷载施加情况如图8.13所示，该荷载计算完成后的储罐变形图如图8.14所示。

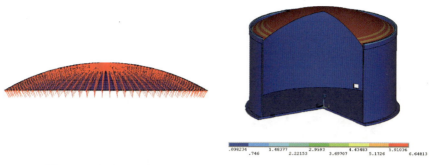

图8.13　升顶气压分布图　　　　图8.14　升顶气压位移云图

② 穹顶浇筑保压荷载　保压浇筑穹顶时需要对储罐内壁保持9.6kPa的压力，荷载施加情况如图8.15所示，该荷载计算完成后的储罐变形图如图8.16所示。

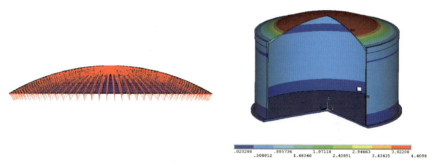

图8.15　储罐穹顶浇筑保压分布图　　　　图8.16　储罐穹顶浇筑保压荷载位移云图

（5）运行荷载

① 液重　LNG设计密度0.48，设计液位41.145m，对内外墙及底板施加液压荷载，最大压力位于内罐底板，为193.744kPa，荷载模型如图8.17所示，该荷载计算完成后的储罐变形图如图8.18所示。

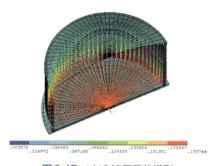 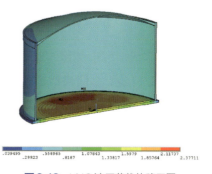

图8.17　LNG液压荷载模型　　　　图8.18　LNG液压荷载位移云图

② 设计正压荷载　操作阶段在外罐内部、罐顶和罐底表面的最大气压荷载是29kPa，垂直作用在衬里、罐底面上，荷载模型如图8.19所示，该荷载计算完成后的储罐变形图如图8.20所示。

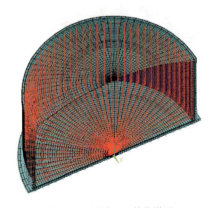
图8.19　设计正压荷载模型

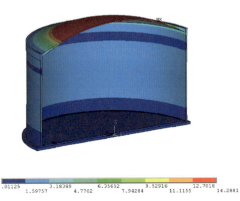
图8.20　设计正压荷载位移云图

③ 设计负压荷载　操作阶段在外罐内部、罐顶和罐底表面的最小气压荷载是-1.0kPa，与正压荷载方向相反，荷载模型如图8.21所示，该荷载计算完成后的储罐变形图如图8.22所示。

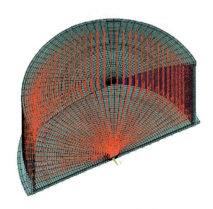
图8.21　设计负压荷载模型

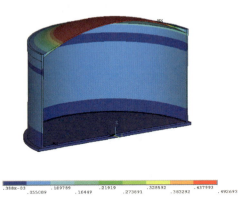
图8.22　设计负压荷载位移云图

④ 温度荷载　由于储罐与外部存在温差将在储罐结构内产生热应力作用，LNG设计温度-168℃，储罐结构计算分析中应考虑温度对罐体结构应力的影响，外界温度需分别考虑夏季和冬季两种情况。建立储罐的温度荷载模型需要两步，首先确定夏季和冬季操作工况下储罐的温度分布，随后将温度计算结果以荷载的形式施加于结构分析模型进行计算，储罐夏季温度场分布如图8.23所示，冬季温度场分布如图8.24所示。

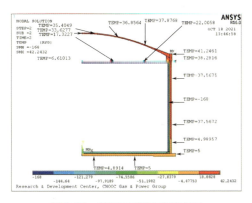
图8.23 储罐夏季温度场分布图
注：TEMP为温度。

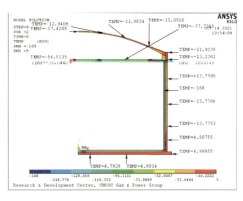
图8.24 储罐冬季温度场分布图

⑤ 收缩荷载 不同混凝土结构的收缩应变，见表8.6。

表8.6 储罐混凝土各构件收缩应变

储罐部件	厚度/mm	收缩应变/($\times 10^{-5}$)		
		建造阶段	测试阶段	运行阶段
承台	1200	−3.13	−2.78	−3.16
外墙	800	−3.66	−4.30	−6.49
环梁	1100	−1.94	−2.55	−4.41
穹顶	500	−3.42	−4.97	−9.07

由于在ANSYS中没有专门的混凝土收缩模型，但由上面的计算理论可知，收缩荷载相当于给构件施加了一个初始应变，可以通过命令INISTATE设定结构初始应变的形式体现收缩荷载。

建造阶段储罐的应变、变形如图8.25和图8.26所示，测试阶段储罐的应变、变形如图8.27和图8.28所示，运行阶段储罐的应变、变形如图8.29和图8.30所示。

图8.25 储罐建造工况收缩分布图

图8.26 储罐建造工况收缩位移云图

8　LNG储罐抗震数值仿真分析与工程应用　　199

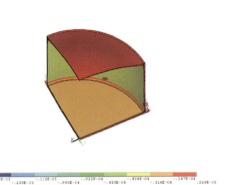
图 8.27 储罐测试工况收缩分布图

图 8.28 储罐测试工况收缩位移云图

图 8.29 储罐运行工况收缩分布图

图 8.30 储罐运行工况收缩位移云图

（6）试验荷载

① 水压试验荷载 水压试验的水位为 24.63m（水压试验液位高度为与最高操作液位下 LNG 等质量水高度的 1.25 倍），对内罐的最大压力为 235.558kPa，位于内罐底板，荷载模型如图 8.31 所示，该荷载计算完成后的储罐变形图如图 8.32 所示。

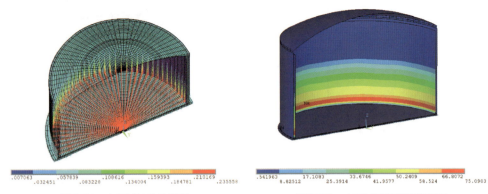

图 8.31 水压试验荷载模型　　　　　图 8.32 水压试验荷载位移云图

② 气压试验荷载　气压试验中正压试验压力是内罐设计压力（29kPa）的1.25倍，为36.25kPa，气压试验压力施加在外罐结构内表面及内罐底部，荷载模型如图8.33所示，该荷载计算完成后的储罐变形图如图8.34所示。

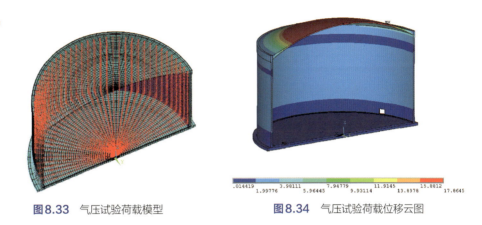

图8.33　气压试验荷载模型　　　　图8.34　气压试验荷载位移云图

（7）偶然荷载

① 泄漏工况　泄漏分为三种类别：轻度泄漏、中度泄漏及全泄漏。环境温度又分为夏季温度和冬季温度两种情况，故组合起来泄漏工况共有6种，分别为：泄漏工况1，夏季轻度泄漏；泄漏工况2，夏季中度泄漏；泄漏工况3，夏季全泄漏；泄漏工况4，冬季轻度泄漏；泄漏工况5，冬季中度泄漏；泄漏工况6，冬季全泄漏。

每个泄漏工况承受的荷载包括由于温差导致的热应力以及泄漏的LNG对外罐造成的压力，下面分别给出这6种工况的荷载模型，这个6种工况的温度分布如图8.35～图8.40所示。

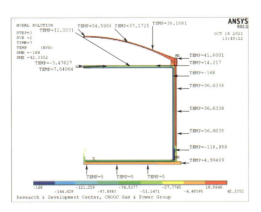 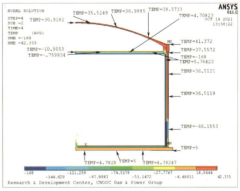

图8.35　泄漏工况1储罐温度分布（夏季轻度泄漏）　　图8.36　泄漏工况2储罐温度分布（夏季中度泄漏）

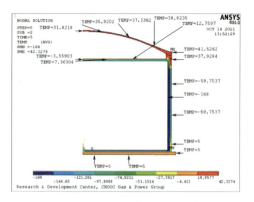
图8.37 泄漏工况3储罐温度分布（夏季全泄漏）

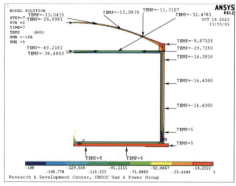
图8.38 泄漏工况4储罐温度分布（冬季轻度泄漏）

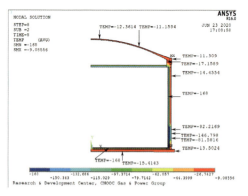
图8.39 泄漏工况5储罐温度分布（冬季中度泄漏）

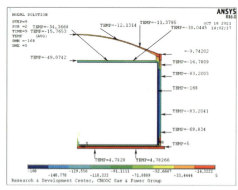
图8.40 泄漏工况6储罐温度分布（冬季全泄漏）

三种泄漏类型情况下，LNG对外罐造成压力的荷载模型如图8.41至图8.43所示。

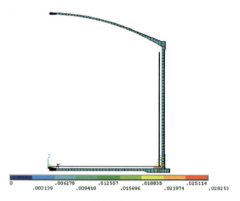
图8.41 轻度泄漏压力荷载模型

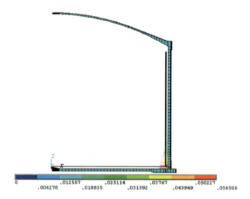
图8.42 中度泄漏压力荷载模型

② 地震荷载 采用响应谱分析法对储罐地震响应进行分析，计算外罐的地震加速度响应时将内罐及LNG简化为对流与冲击质点，赋予其质量和刚度，因此地震分析模型与常规荷载的分析模型存在差异，地震分析模型如图8.44所示。

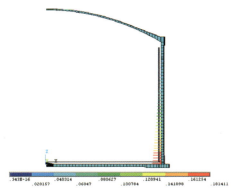
图8.43 全泄漏压力荷载模型

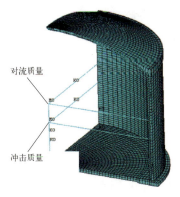
图8.44 储罐地震分析1/4有限元模型

地震荷载采用施加加速度的方法实现，根据储罐的承台、外墙、穹顶、对流质点、冲击质点在水平/竖直方向安全停运地震/运行基准地震（SSE/OBE）等级下的加速度响应结果，分别施加加速度进行计算，由于地震荷载工况较多，以下分别给出一个OBE空罐、OBE满罐、SSE空罐、SSE满罐的变形图为代表进行说明，如图8.45至图8.48所示。

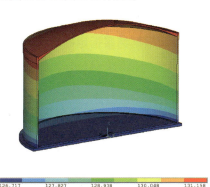
图8.45 OBE空罐地震变形云图

图8.46 OBE满罐地震变形云图

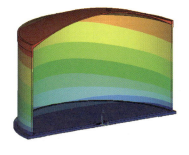
图8.47 SSE空罐地震变形云图

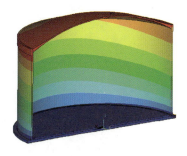
图8.48 SSE满罐地震变形云图

8.2.2.2 计算荷载工况

（1）偶然荷载

进行三维有限元分析时需要涵盖上述所有荷载组合工况，由于储罐在圆周方向并不是完全对称的（罐顶附属构件荷载具有方向性），地震的作用方向分别考虑了第一水平方向（x方向）的负方向、竖直方向（z方向）的向上和向下两个方向，故地震作用方向共有2个，另外地震还需要考虑水平地震和竖向地震、满罐地震与空罐地震情况，故每种类型的地震有2×2×2=8个组合工况。

（2）荷载工况

根据地震荷载工况的组合情况，最终极限状态ULS组合工况共计176个，适用性极限状态SLS组合工况共计78个。

8.2.3 工程实践与应用

本项目为某承台储罐（无隔震垫）。本次计算结果的输出原则是先提取储罐各个位置的外力（包括轴力、弯矩和剪力），然后根据相应的计算公式计算每个单元的主筋配筋面积、剪力筋的面距比、混凝土裂缝宽度，最后根据结果指定提取的尺寸间隔，在指定的尺寸间隔内获取最大值输出，承台、外墙及穹顶的具体输出形式如下。

（1）承台和穹顶

将承台和穹顶在半径方向等分为n等份，对于i等份，提取半径范围$R_i \sim R_{i+1}$内所有单元的轴力N、弯矩M及剪力V，对于单元E_{ij}，设其轴力、弯矩及剪力分别为N_{ij}、M_{ij}、V_{ij}，利用每个单元的这三个外力结果以及计算公式确定主筋配筋面积As_{ij}、剪力筋的面距比$(Asv/s)_{ij}$、裂缝宽度$(w_{max})_{ij}$，如图8.49所示。随后取该范

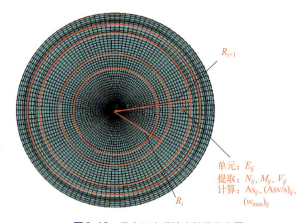

图8.49 承台和穹顶输出结果示意图

围内所有单元的主筋配筋面积 As_{ij}、剪力筋的面距比 $(Asv/s)_{ij}$、裂缝宽度 $(w_{max})_{ij}$ 的最大值作为输出结果;对每个该半径范围内的单元重复此操作即可获得每个工况下的承台和穹顶的输出结果,对所有ULS工况进行包络确定最终的主筋配筋面积 As_{ij}、剪力筋的面距比 $(Asv/s)_{ij}$,最后对所有SLS工况进行包络确定最终的裂缝宽度 $(w_{max})_{ij}$。

(2)外墙

外墙的结果输出方法与承台和穹顶类似,将外墙在高度方向等分为 n 等份,对于 i 等份,提取半径范围 $H_i \sim H_{i+1}$ 内所有单元的轴力 N、弯矩 M 及剪力 V,对于单元 E_{ij},设其轴力、弯矩及剪力分别为 N_{ij}、M_{ij}、V_{ij},利用每个单元的这三个外力结果以及计算公式确定主筋配筋面积 As_{ij}、剪力筋的面距比 $(Asv/s)_{ij}$、裂缝宽度 $(w_{max})_{ij}$,如图8.50所示。随后取该高度范围内所有单元的主筋配筋面积 As_{ij}、剪力筋的面距比 $(Asv/s)_{ij}$、裂缝宽度 $(w_{max})_{ij}$ 的最大值作为输出结果;对每个该高度范围内的单元重复此操作即可获得每个工况下的结果,对所有ULS工况进行包络确定最终的主筋配筋面积 As_{ij}、剪力筋的面距比 $(Asv/s)_{ij}$,最后对所有SLS工况进行包络确定最终的裂缝宽度 $(w_{max})_{ij}$。

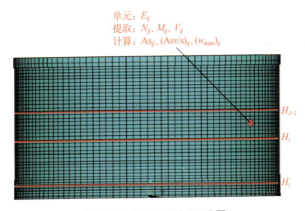

图8.50 外墙结果输出示意图

(3)截面力正负方向规定

对于承台和穹顶,受拉轴力为正,受压轴力为负;上表面受拉的弯矩为正,下表面受拉的弯矩为负。

对于外墙,受拉轴力为正,受压轴力为负;外表面受拉的弯矩为正,内表面受拉的弯矩为负。

(4)单位制

在以下计算结果中,除特别注明以外,变量的单位规定如下:长度,mm;面积,mm^2;轴力,kN;弯矩,kN·m;剪力,kN。

8.3 超大容积LNG储罐减隔震数值仿真分析与工程应用

8.3.1 有限元模型建立

根据LNG储罐模型的几何参数，基于ANSYS软件建立LNG储罐的有限元模型。选取了SOLID186单元模拟混凝土外罐、SHELL181单元模拟钢制内罐、BEAM188单元模拟桩基、COMBIN14和COMBIN40的组合形式模拟铅芯橡胶隔震支座、FLUID80单元模拟内罐中的液体。采用自底向上的建模方式，先建立了LNG储罐在X,Z平面内的关键点，由其生成面域，并利用工作平面对面域进行切割（保证网格划分时各部分节点可以重合），最后对面域进行旋转生成LNG储罐实体。根据桩基的布置方位，在相应的坐标建立节点，并由节点直接生成梁单元。

在LNG储罐的有限元模型中，穹顶与罐顶为刚性连接，采用共用节点的方式连接；桩基与承台之间采用点面接触的方式连接，桩基的另一端固定约束在地面上；模拟隔震支座的弹簧单元一端与桩基采用共用节点的方式连接，一端与承台采用耦合节点自由度的方式连接。储罐的流固耦合方式采用直接耦合法实现，该方法需要钢制内罐的节点与液体的节点保持一致。在内罐侧壁上，耦合UX自由度，以内罐节点的UX为主自由度；在内罐底部，耦合UZ自由度；以液体表面节点的UZ为主自由度。

8.3.2 地震工况数值仿真

① 卧龙波$(0.5g)X,Y,Z$向激励下加速度响应和隔震率对比分析见图8.51、表8.7。

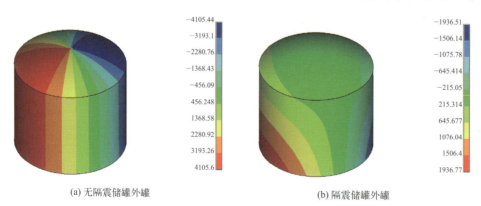

(a) 无隔震储罐外罐　　　　　　　　(b) 隔震储罐外罐

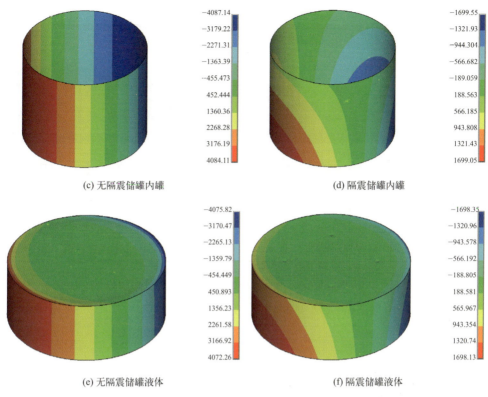

(c) 无隔震储罐内罐　　　　　　(d) 隔震储罐内罐

(e) 无隔震储罐液体　　　　　　(f) 隔震储罐液体

图 8.51 卧龙波(0.5g)X, Y, Z 向的峰值加速度响应对比

表 8.7 卧龙波(0.5g)X, Y, Z 向的隔震率对比

位置	汶川卧龙波 0.5g					
	X,Y,Z 三向					
	X		Y		Z	
	有限元隔震率	试验隔震率	有限元隔震率	试验隔震率	有限元隔震率	试验隔震率
桩头	1.3%	9.5%	41.6%	34.8%	41.8%	48.7%
外罐壁底部	16.8%	28.6%	50.9%	39.9%	41.9%	10.4%
外罐壁距底部 30cm 处	33.2%	54.1%	56.6%	44.6%	48.1%	9.5%
外罐壁距底部 69cm 处	38.3%	60.0%	61.4%	49.5%	48.2%	32.0%
外罐壁距底部 105cm 处	49.3%	68.9%	70.4%	51.3%	48.3%	8.7%
穹顶 1/2 处	41.7%	51.2%	69.1%	53.4%	51.2%	34.8%

续表

位置	汶川卧龙波 0.5g					
	X,Y,Z 三向					
	X		Y		Z	
	有限元隔震率	试验隔震率	有限元隔震率	试验隔震率	有限元隔震率	试验隔震率
内罐壁距底部 39cm 处	58.4%	8.7%	50.9%	45.5%	48.7%	49.4%
内罐壁距底部 75cm 处	69.0%	11.1%	61.2%	48.9%	48.7%	52.7%
内罐壁顶部	73.5%	1.8%	70.9%	34.8%	48.7%	41.1%

对比有限元结果和试验结果，可知 LNG 储罐的隔震率能较好吻合。

② 人工波 (0.5g) X 向激励下加速度响应和隔震率响应对比分析见图 8.52、表 8.8。

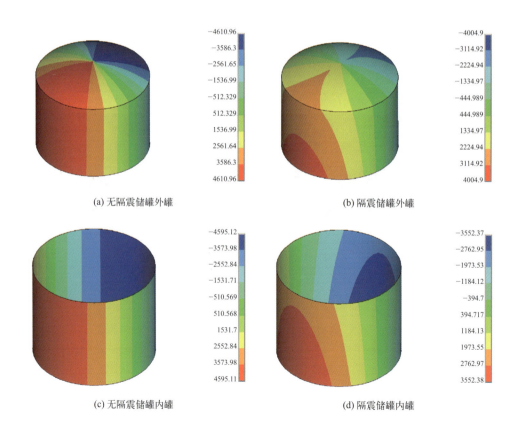

(a) 无隔震储罐外罐　　　　　　　　(b) 隔震储罐外罐

(c) 无隔震储罐内罐　　　　　　　　(d) 隔震储罐内罐

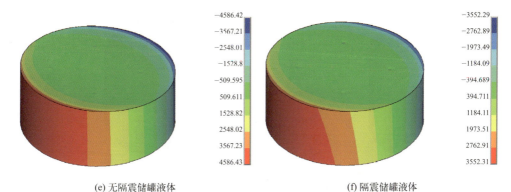

(e) 无隔震储罐液体　　　　　　　　　　　(f) 隔震储罐液体

图8.52 人工波(0.5g)X向的峰值加速度响应对比

表8.8 人工波(0.5g)X向的隔震率对比

位置	人工波（0.5g）	
	X单向	
	X	
	有限元隔震率	试验隔震率
外罐壁底部	18.13%	9.86%
外罐壁距底部30cm处	26.58%	15.85%
外罐壁距底部69cm处	22.42%	23.12%
外罐壁距底部105cm处	29.06%	25.35%
穹顶1/2处	33.18%	28.37%
穹顶顶部	38.16%	21.51%
内罐壁距底部39cm处	39.98%	21.62%
内罐壁距底部75cm处	18.13%	21.88%
内罐壁顶部	24.92%	30.03%

对比有限元结果和试验结果，可知LNG储罐的隔震率能较好吻合。

③ 人工波(0.5g)X，Y，Z向激励下加速度响应对比分析见图8.53。

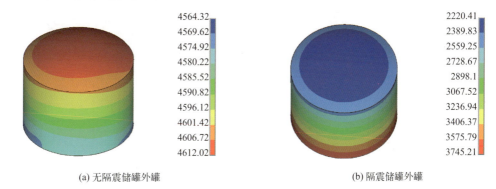

(a) 无隔震储罐外罐　　　　　　　　　　　(b) 隔震储罐外罐

图8.53

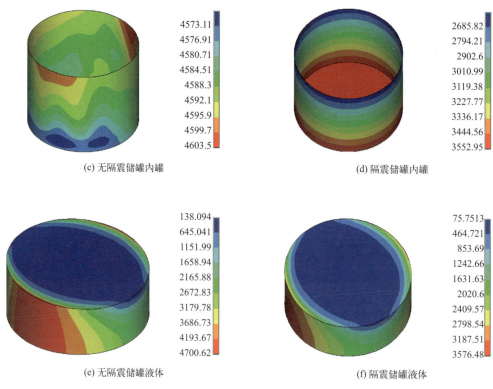

图8.53 人工波(0.5g)X, Y, Z向的峰值加速度响应对比

④ 人工波(0.5g)X, Y, Z向的隔震率对比（表8.9）

表8.9 人工波(0.5g)X, Y, Z向的隔震率对比

位置	人工波（0.5g）			
	X, Y, Z 三向			
	X		Y	
	有限元隔震率	试验隔震率	有限元隔震率	试验隔震率
桩头	18.20%	−13.90%	31.50%	−32.00%
外罐壁底部	26.50%	1.21%	45.10%	4.61%
外罐壁距底部30cm处	22.40%	11.94%	41.90%	26.96%
外罐壁距底部69cm处	29.00%	16.41%	46.80%	35.81%
外罐壁距底部105cm处	33.20%	35.88%	48.50%	41.69%

续表

位置	人工波（0.5g） X,Y,Z 三向			
	X		Y	
	有限元隔震率	试验隔震率	有限元隔震率	试验隔震率
穹顶1/2处	38.10%	11.61%	50.70%	44.51%
穹顶顶部	39.90%	16.55%	51.20%	38.68%
内罐壁距底部39cm处	18.20%	11.60%	31.50%	34.51%
内罐壁距底部75cm处	20.31%	14.60%	44.00%	45.15%
内罐壁顶部	24.90%	11.32%	38.20%	21.06%

对比有限元结果和试验结果，可知LNG储罐的隔震率能较好吻合。

⑤ 人工波(0.5g)X，Z向激励下加速度响应和隔震率对比分析见图8.54、表8.10。

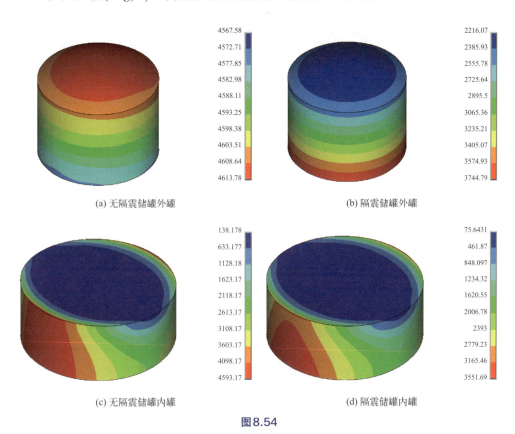

(a) 无隔震储罐外罐　　　　　　(b) 隔震储罐外罐

(c) 无隔震储罐内罐　　　　　　(d) 隔震储罐内罐

图8.54

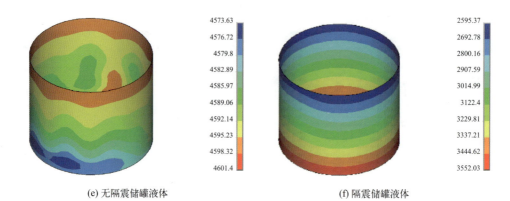

(e) 无隔震储罐液体　　　　　　　　(f) 隔震储罐液体

图8.54　人工波(0.5g)X, Z向的峰值加速度响应对比

表8.10　人工波(0.5g)X, Z向的隔震率对比

位置	人工波（0.5g）			
	X,Z 双向			
	X		Z	
	有限元隔震率	试验隔震率	有限元隔震率	试验隔震率
桩头	18.2%	5.41%	11.1%	48.32%
外罐壁底部	26.6%	32.08%	25.6%	20.85%
外罐壁距底部30cm处	22.5%	28.68%	21.4%	20.65%
外罐壁距底部69cm处	29.1%	21.02%	28.1%	38.75%
外罐壁距底部105cm处	33.2%	31.50%	32.2%	22.11%
穹顶1/2处	38.2%	1.96%	31.2%	41.74%
穹顶顶部	40.0%	15.18%	39.0%	41.88%
内罐壁距底部39cm处	18.2%	33.70%	11.1%	56.27%
内罐壁距底部75cm处	25.0%	33.45%	23.9%	42.15%
内罐壁顶部	28.2%	36.27%	21.2%	32.85%

对比有限元结果和试验结果，可知LNG储罐的隔震率能较好吻合。

⑥ 汶川卧龙波(0.75g)X, Y, Z向激励下加速度响应和隔震率对比分析见图8.55、表8.11。

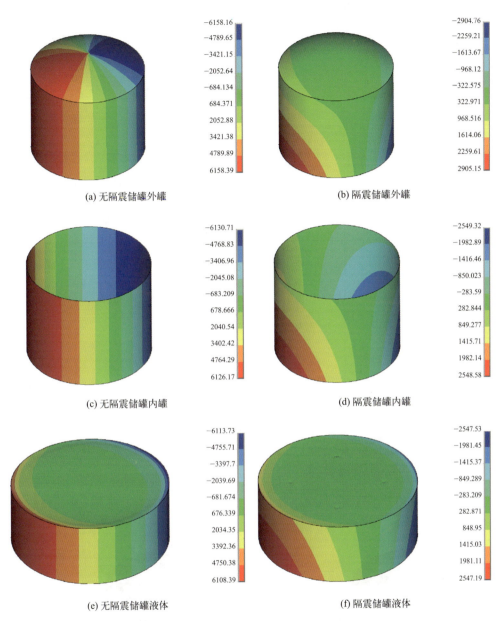

图8.55 汶川卧龙波(0.75g)X, Y, Z向的峰值加速度响应对比

表8.11 汶川卧龙波(0.75g)X, Y, Z向的隔震率对比

位置	汶川卧龙波 0.75g					
	X,Y,Z 三向					
	X		Y		Z	
	有限元隔震率	试验隔震率	有限元隔震率	试验隔震率	有限元隔震率	试验隔震率
桩头	52.40%	6.27%	46.78%	34.03%	74.29%	53.35%
外罐壁底部	64.27%	41.10%	54.95%	58.77%	64.37%	35.71%
外罐壁距底部30cm处	58.41%	51.21%	50.91%	58.76%	68.54%	32.15%
外罐壁距底部69cm处	61.33%	65.62%	51.37%	58.08%	62.36%	48.52%
外罐壁距底部105cm处	69.16%	74.12%	61.39%	66.98%	59.73%	33.39%
穹顶1/2处	73.18%	61.63%	70.17%	56.35%	56.24%	55.24%
穹顶顶部	75.00%	66.45%	70.16%	53.08%	56.10%	42.03%
内罐壁距底部39cm处	52.40%	61.85%	46.78%	55.21%	74.29%	62.78%
内罐壁距底部75cm处	61.92%	59.06%	53.34%	45.33%	65.87%	62.38%
内罐壁顶部	63.24%	58.51%	60.23%	55.60%	60.21%	49.14%

对比有限元结果和试验结果,可知LNG储罐的隔震率能较好吻合。

⑦ 卧龙波(0.75g)X,Z向激励下加速度响应和隔震率对比分析见图8.56、表8.12。

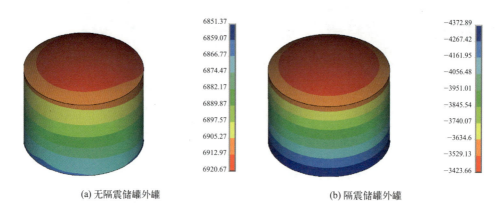

(a) 无隔震储罐外罐　　　　　　(b) 隔震储罐外罐

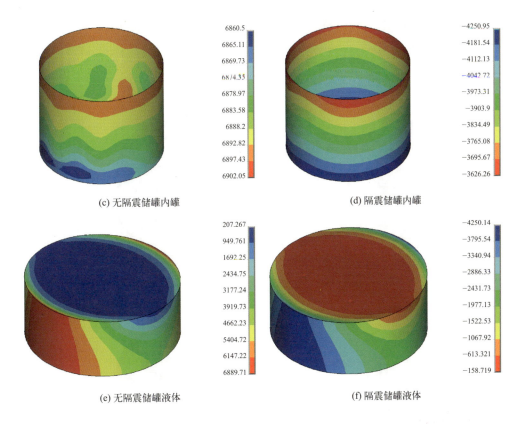

(c) 无隔震储罐内罐　　　　　　　　(d) 隔震储罐内罐

(e) 无隔震储罐液体　　　　　　　　(f) 隔震储罐液体

图 8.56　汶川卧龙波(0.75g)X，Z 向的峰值加速度响应对比

表 8.12　汶川卧龙波(0.75g)X，Z 向的隔震率对比

位置	人工波（0.75g）	
	X,Z 向	
	X	
	有限元隔震率	试验隔震率
桩头	18.21%	20.46%
外罐壁底部	26.64%	41.00%
外罐壁距底部 30cm 处	22.48%	45.66%
外罐壁距底部 69cm 处	29.12%	44.97%
外罐壁距底部 105cm 处	33.25%	56.66%
穹顶 1/2 处	38.23%	35.71%
穹顶顶部	40.04%	31.04%
内罐壁距底部 39cm 处	18.21%	50.92%
内罐壁距底部 75cm 处	24.98%	52.21%
内罐壁顶部	30.25%	55.96%

对比有限元结果和试验结果，可知LNG储罐的隔震率能较好吻合。

⑧ 汶川卧龙波(0.75g)X,Y,Z向激励下加速度响应和隔震率对比分析见图8.57、表8.13。

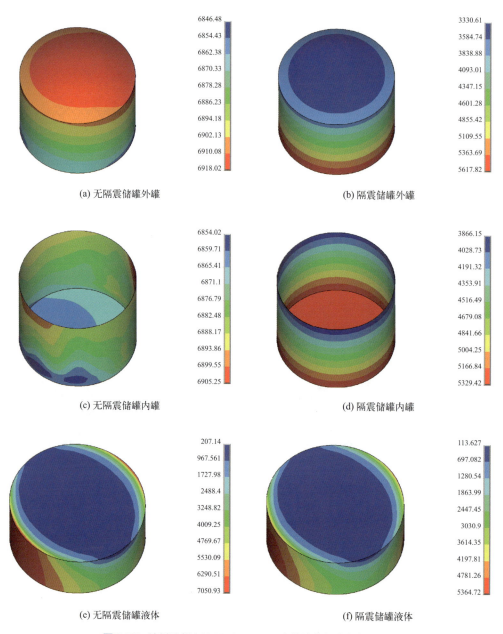

图8.57 汶川卧龙波(0.75g)X, Y, Z向的峰值加速度响应对比

表8.13 汶川卧龙波(0.75g)X，Y，Z向的隔震率对比

位置	汶川卧龙波（0.75g）			
	X,Y,Z 三向			
	X		Y	
	有限元隔震率	试验隔震率	有限元隔震率	试验隔震率
外罐壁距底部30cm处	22.40%	11.94%	31.64%	26.96%
外罐壁距底部69cm处	29.03%	16.41%	44.27%	35.81%
外罐壁距底部105cm处	33.16%	35.88%	48.41%	41.69%
穹顶1/2处	38.14%	11.61%	51.92%	44.51%
穹顶顶部	39.95%	16.55%	52.46%	38.68%
内罐壁距底部39cm处	18.16%	11.60%	33.39%	34.51%
内罐壁距底部75cm处	24.89%	14.60%	40.13%	45.15%
内罐壁顶部	24.90%	11.32%	38.20%	21.06%

对比有限元结果和试验结果，可知LNG储罐的隔震率能较好吻合。

⑨ 人工波(0.25g)X,Z向激励下加速度响应和隔震率对比分析见表8.14、图8.58。

表8.14 人工波(0.25g)X, Z向的隔震率响应对比

位置	人工波（0.25g）	
	X,Z 双向	
	X	
	有限元隔震率	试验隔震率
外罐壁距底部69cm处	29.12%	14.88%
外罐壁距底部105cm处	33.25%	22.38%
穹顶1/2处	38.23%	26.25%
穹顶顶部	40.04%	28.77%
内罐壁距底部39cm处	18.21%	38.98%
内罐壁距底部75cm处	24.98%	39.25%
内罐壁顶部	30.25%	40.94%

对比有限元结果和试验结果，可知LNG储罐的隔震率能较好吻合。

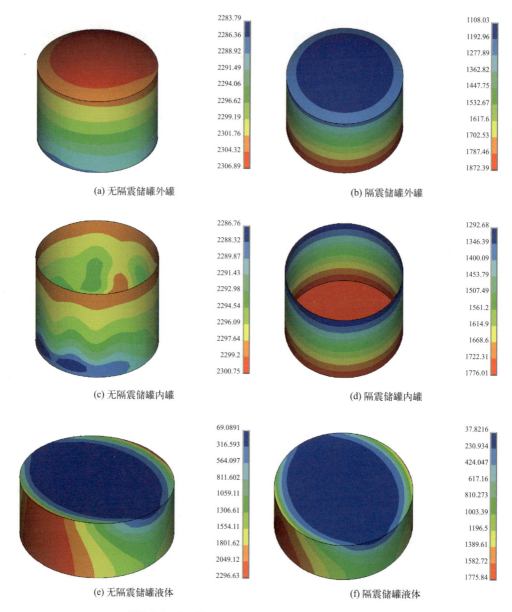

(a) 无隔震储罐外罐　　　　　　　(b) 隔震储罐外罐

(c) 无隔震储罐内罐　　　　　　　(d) 隔震储罐内罐

(e) 无隔震储罐液体　　　　　　　(f) 隔震储罐液体

图 8.58 人工波(0.25g)X, Z向的峰值加速度响应对比

8.3.3　数值仿真分析

通过以上对比分析,可以得出如下结论。

① 试验得到的隔震率和有限元得到的隔震率吻合程度较好。在大部分工况下,有限元得到的隔震率与试验得到的吻合度在70%以上。

② 对比所有工况，在汶川卧龙波(0.75g) X, Y, Z向激励下，有限元和试验得到的LNG储罐的隔震率最为接近，最大吻合度达98.78%。

8.4　本章小结

本章以有限元软件ANSYS为例，详细介绍了各种储罐在ANSYS中的建立方法及步骤。计算了抗震、隔震以及半地下LNG储罐三个实际工程项目的5类共13种基本荷载，涵盖了储罐全生命周期的所有荷载，并组合了112种ULS荷载工况及46种SLS荷载工况，并进行了配筋设计，同时计算了混凝土裂缝宽度。通过将有限元模拟结果与振动台试验结果对比，验证了有限元模拟结果的可靠性。